新型职业农民培育系列教材

——家畜规模养殖系列

现代肉牛生产技术

马进勇　主编

中国农业大学出版社

·北京·

内容简介

本书主要介绍牛的品种选择、饲料生产技术、肉牛繁育技术、各阶段的饲养管理技术与安全高效育肥技术，肉牛群保健与疫病控制技术以及肉牛质量安全的保障措施与肉牛市场营销与投资效益分析等，重点就肉牛产业实际生产中遇到的问题提出了相应的措施和解决办法。围绕现代肉牛产业生产不同阶段的特点，重点阐述肉牛优质高效产业生产关键性技术。

图书在版编目(CIP)数据

现代肉牛生产技术/马进勇主编，—北京：中国农业大学出版社，2016.1

ISBN 978-7-5655-1468-5

Ⅰ.①现… Ⅱ.①马… Ⅲ.①肉牛-饲养管理-技术培训-教材 Ⅳ.①S823.9

中国版本图书馆 CIP 数据核字(2015)第 319346 号

书　　名　现代肉牛生产技术
作　　者　马进勇　主编

策划编辑　张　蕊　张　玉　　**责任编辑**　张　蕊
封面设计　郑　川　　**责任校对**　王晓凤
出版发行　中国农业大学出版社
社　　址　北京市海淀区圆明园西路 2 号　　**邮政编码**　100193
电　　话　发行部 010-62818525，8625　　读者服务部 010-62732336
　　　　　编辑部 010-62732617，2618　　出　版　部 010-62733440
网　　址　http://www.cau.edu.cn/caup　　**E-mail** cbsszs@cau.edu.cn
经　　销　新华书店
印　　刷　北京俊林印刷有限公司
版　　次　2016 年 4 月第 1 版　　2016 年 4 月第 1 次印刷
规　　格　850×1 168　32 开本　7.625 印张　196 千字
定　　价　19.00 元

编审人员

主　编　马进勇　甘肃畜牧工程职业技术学院　副教授

参　编　刘瑞玲　甘肃畜牧工程职业技术学院　副教授

张　瑾　甘肃畜牧工程职业技术学院　讲师

黄玉富　甘肃省畜牧业产业管理局　高级畜牧师

主　审　杨孝列　甘肃畜牧工程职业技术学院　教授

李和国　甘肃畜牧工程职业技术学院　教授

编写说明

职业农民是农业生产经营主体。开展农民教育培训，提高农民综合素质、生产技能和经营能力，是发展现代农业和建设社会主义新农村的重要举措。党中央、国务院高度重视农民教育培训工作，提出了“大力培育新型职业农民”的历史任务。目前我国养猪生产具有广阔的发展空间，养猪生产的当务之急是从转变养牛生产方式的高度出发，以优质、高效、生态和可持续发展为目标，加大技术投资，依靠科技进步，形成专业生态化生产、一体化经营、社会化服务、企业化管理，加快养猪业专业化、系列化、市场化和社会化进程，向品种良种化、生产集约化、过程生态无害化和产品优质化方向迈进，全面提升养牛生产效益，让养牛产业实现突破式发展。

为贯彻落实中央的战略部署，提高农民教育培训质量，同时也为各地培育新型职业农民提供基础保障——高质量教材，我们遵循农民教育培训的基本特点和规律，我们编写了《现代肉牛生产技术》是新型职业农民培育系列教材之一。作者在对多年来养牛生产实践经验加以总结的基础上，以技术问答方式编写了《现代肉牛产业技术》一书。本书内容主要包括肉牛的品种选择，饲料生产技术，肉牛繁育技术，各阶段的饲养管理技术与安全高效育肥技术，肉牛群保健与疫病控制技术以及肉牛质量安全的保障措施与肉牛市场营销与投资效益分析等，重点就肉牛产业实际生产中遇到的问题提出了相应的应对措施和解决办法。全书紧密结合养牛生产实际，技术先进，实用性与可操作性强，通俗易懂，具有很强的针对性和实用性，既可作为养牛生产一线的新型职业农民的培育教材，也可作为从事养牛生产、管理人员及农业职业院校师生的学习参考用书。

本教材由甘肃畜牧工程职业技术学院马进勇任主编。全书由马进勇负责第一、三、四部分的编写；刘瑞玲负责第二部分的编写；张瑾、黄玉富负责第五部分的编写；全书由马进勇统稿；甘肃畜牧工程职业技术学院杨孝列与李和国教授主审，北京农业职业学院李玉冰教授、原农业部科技教育司日寇建平处长和原农业部农民科技教育培训中心教材处陈肖安等同志对教材内容进行了最终审定，在此一并表示感谢。

由于编者水平有限，加之时间仓促，教材中不妥和错误之处在所难免。衷心希望广大读者提出宝贵意见，以期进一步修订和完善。

编　者

2015.09

目　录

一、肉牛引种与繁育

(一)肉牛品种选用

1.国内产肉性能好的黄牛品种有哪些?

我国饲养的家牛包括黄牛、瘤牛、奶牛、水牛和牦牛等。总存栏量约为1.4亿头。其中,黄牛存栏约为1亿头,居各种大家畜数之首;我国的黄牛数量最多、分布最广。中国黄牛的毛色并不都是黄色的,还包括黑、褐和红等毛色。我国“黄牛”与外国“肉牛”两者的区别,只是主要用途上的不同,是不同培育方向的结果。黄牛是我国传统的役用畜,也是重要的肉品来源。今后我国黄牛改良工作的重点将把提高其肉用性能作为主导方向。我国黄牛养殖数量最多的省份是河南省,其次为山东、四川、河北和黑龙江。从产肉性能角度讲,以下5个黄牛品种产肉性能最好,被称作中国五大良种黄牛。

(1)秦川牛

①原产地。秦川牛产于我国陕西省渭河流域的关中平原地区,属役肉兼用品种,以咸阳、兴平、武功、乾县、礼泉等县分布的牛最著名。

②外貌特征。秦川牛被毛以紫红和红色为主,鼻镜呈肉红色,体质健壮,肌肉丰满,体格高大,发育匀称,前躯发育良好,具有役肉兼用牛的特征。公牛颈粗短,鬐甲高而宽;母牛鬐甲低,荐骨稍隆起,缺点是牛群中常见有尖斜尻的个体(图1-1)。

③生产性能。秦川牛成年公牛体重 500～700 kg，体高 140 cm，体长 160 cm；母牛体重 380～480 kg，体高 125 cm，体长 140 cm。秦川牛肉质细嫩，大理石花纹明显，容易肥育。据报道，在中等饲养条件下，饲养 325～540 d 时，平均日增重：公牛 700 g、母牛 550 g、阉牛 580 g。骨肉比为 1∶6.1，屠宰率平均为 58.3%，净肉率 50.5%，眼肌面积 97.0 cm^2。胴体脂肪含量较低，瘦肉率较高。该牛初情期 9.3 月龄，可繁殖年龄直到 14～15 岁，适应性良好。秦川牛做母本，用外引肉牛品种做父本，后代肉用性能很好。

图 1-1 秦川牛

（选自王璐菊《养牛生产技术》，2014）

(2)南阳牛

①原产地。南阳牛产于我国河南省南阳地区，属役肉兼用品种，以南阳市郊、唐河、邓州、社旗、新野、方城和驻马店地区的泌阳等地的牛为好。

②外貌特征。南阳牛毛色以黄色最多，少有淡黄、红色。体格高大，结构紧凑，四肢健壮，性情温顺，役用性能良好，并且具备较好的产肉性能。公牛以萝卜头角为多，肩峰隆起 8～9 cm，前胸较发达；母牛角细，鬐甲较高，肩部较突出，背腰平直(图 1-2)。

③生产性能。南阳牛成年公牛体重 650～700 kg，体高 159 cm，体长 168 cm；母牛体重 400～450 kg，体高 125 cm，体长 132 cm。南阳牛肉质细嫩，大理石纹明显，易于育肥。据试验测定：用 10 头 10 月龄育成牛，肥育 7～8 个月体重可达 441.7 kg。平均日增重：公牛为 813 g，屠宰率为 55.6%，净肉率为 46.6%，骨肉比为 1∶5.12，眼肌面积为 92.6 cm^2；3～5 岁壮龄阉牛，在以精料为主的营养水平下育肥后，活重达 510.4 kg，屠宰率 64.5%，净肉率为 56.8%，眼肌面积 95.3 cm^2。该牛初情期 8～12 月龄，2 岁初配，利用年限 5～7 年，适应性良好。

图 1-2　南阳牛

（选自王璐菊《养牛生产技术》，2014）

（3）晋南牛

①原产地。晋南牛产于山西省晋南地区，属役肉兼用品种，以万荣、临沂、河津、稷山等县市的牛为好。

②外貌特征。晋南牛毛色以红色为主，部分为黄红色，鼻镜粉红色，蹄壳亦为粉红色。体躯高大结实，具有役肉兼用的体形外貌特征。公牛头中等长，额宽，顺风角，颈较粗短，垂皮发达，肩峰不明显，胸部发达，臀端较窄，母牛头清秀，乳房发育较差，部分牛有尖斜尻的缺点（图 1-3）。

③生产性能。晋南牛成年公牛体重 607.4 kg，体高 138.6 cm，体长 157.4 cm，母牛体重 339.4 kg，体高 117.4 cm，体长 146.4 cm。晋南牛属晚熟品种，6 月龄以内哺乳牛犊生长发育较快，6 月龄至 1 岁生长发育减慢，通过近几年的选育，产肉性能得到较大提高。据当地测定，10～12 月龄阉牛经 395 d，分 4 个阶段育肥期，平均日增重 601～1 018 g，肉用性能良好。屠宰测定证明，27～28 月龄阉牛活重可达 582 kg，屠宰率 63.18%，净肉率 54.06%，眼肌面积 79 cm^2，肉用性能及肉质良好。该牛役用性能良好，母牛 9～10 月龄性成熟，2 岁配种，终生产犊 7～9 头。适应性良好。

图 1-3　晋南牛

（选自王璐菊《养牛生产技术》，2014）

(4)鲁西牛

①原产地。鲁西牛产于山东省西部的黄河以南、运河以西一带，属役肉兼用型品种，以菏泽、济宁、聊城等地的牛为好。

②外貌特征。鲁西牛被毛以红黄、淡黄色较多，草黄色次之，眼圈、口轮、腹下和四肢内侧色淡。体躯高大而略短，垂皮较发达，角多龙门角，侧视呈长方形。公牛肩峰宽厚而高，胸宽深，后躯较差，母牛后躯较好(图 1-4)。

③生产性能。鲁西牛成年公牛平均体重 644 kg，体高 146 cm，体长 170 cm；母牛体重 365 kg，体高 124 cm，体长 138 cm。鲁西牛肉用性能良好，尤其以肉质好而著称，皮薄骨细，肉质细嫩，肌纤维间脂肪沉着良好，呈大理石状。据当地肥育试验报告，以青草为主加少量麦秸，日喂混合料 2 kg（40%豆饼+60%麸皮），肥育至 1 岁或 1.5 岁平均日增重 610 g，屠宰率 53%～55%，净肉率 47%，眼肌面积 89.1 cm^2。肥育至 22～24 月龄，屠宰率可达63.06%，净肉率 53.5%。母牛一般在 10～12 月龄开始发情，1.5～2 岁初配，终生可产犊 7～8 头。该牛有抗结核病和抗焦虫病的特性，但耐寒力较差。

图 1-4 鲁西牛

（选自王璐菊《养牛生产技术》，2014）

（5）延边牛

①原产地。延边牛产于吉林省延边朝鲜族自治州的延吉、和龙、汪清、珲春及毗邻各县，分布于三江地区（牡丹江、松花江和合江），是东北地区几个地方黄牛类群合并后总的品种名称，属寒温带山区的役肉兼用品种。

②外貌特征。延边牛毛色为浓淡不等的黄色，鼻镜呈淡褐色，被毛密而厚，皮厚有弹力，胸部宽深，前躯发达，后躯发育较差，公

牛颈厚隆起，母牛乳房发育较好(图 1-5)。

③生产性能。延边牛成年公牛体重 480 kg，体高 131 cm，体长 151 cm；母牛体重 380 kg，体高 121 cm，体长 141 cm。在北方黄牛中，延边牛产肉性能较好，容易肥育。据试验测定：在较好的饲料条件下，18 月龄公牛经 180 d 肥育，宰前体重 460.7 kg，胴体重 265.8 kg，屠宰率为 57.7%，净肉率为 47.2%，眼肌面积为 75.8 cm^2。肉质细嫩多汁，大理石状斑纹明显。20～24 月龄初配，母牛繁殖年限 10～13 年。该牛耐寒、耐粗、抗病力强，是我国宝贵的耐寒黄牛品种。

图 1-5 延边牛

(选自王璐菊《养牛生产技术》，2014)

2.国内培育的主要兼用型牛品种有哪些？

国内兼用型牛品种是外引品种与本地牛品种通过各种各样杂交方式，长期选育而成，生产性能明显提高，体型增大，在肉牛生产中经长作为母本，与外引纯肉用品种杂交，后代全部肥育，大大提高了产肉性能，国内培育成的兼用型牛品种有：

(1)三河牛

①原产地。产于内蒙古呼伦贝尔大兴安岭西麓的额尔古纳右

旗境内三河地区，属乳肉兼用品种。

②外貌特征。三河牛该牛被毛为界限分明的黑白花片，头白色或有斑，腹下、四肢及尾尖为白色，有角，向上前方弯曲，体格较大（图 1-6）。

③生产性能。三河牛成年公牛平均体重 1 050 kg，母牛 547.9 kg，年平均产乳量 2 000 kg 左右，在较好条件下可达 4 000 kg，平均乳脂率为 4.10%～4.47%。该品种产肉性能良好，2～3 岁公牛屠宰率 50%～55%，净肉率 44%～48%，耐粗饲，抗寒暑能力强。

图 1-6 三河牛

(2)中国草原红牛

①原产地。中国草原红牛产于吉林省白城地区、内蒙古的昭乌达盟及河北省张家口地区等地，属乳肉兼用品种。

②外貌特征。中国草原红牛被毛紫红或深红，部分牛腹下、乳房有白斑，角质蜡黄褐色，鼻镜、眼圈粉红色，多数牛有角且向前外方，呈倒“八”字形，略向内弯曲，体格中等大小（图 1-7）。

③生产性能。中国草原红牛成年公牛平均体重 700～800 kg，母牛 450 kg，该牛在放牧条件下，第一胎平均产乳量 1 127.4 kg，以后为 1 500～2 500 kg，平均乳脂率 4.03%。该牛产肉性能良好，屠宰率 50.8%～58.2%，净肉率 41.0%～49.5%。适应性良好，耐粗放管理，对严寒酷热的草场条件耐力强，且发病率低。

图 1-7　中国草原红牛

(3)新疆褐牛

①原产地。主要产于新疆天山北麓的西端伊犁地区和准噶尔界山塔城地区的牧区和半农半牧区。分布于全疆的天山南北，主要有伊犁、塔城、阿勒泰、石河子、昌吉、乌鲁木齐、阿克苏等地区。

②外貌特征。新疆褐牛体躯健壮，头清秀，角中等大小、向侧前上方弯曲，呈半椭圆形。被毛为深浅不一的褐色，额顶、角基、口轮周围及背线为灰白色或黄白色，眼睑、鼻镜、尾帚、蹄呈深褐色(图 1-8，图 1-9)。

图 1-8　新疆褐牛(公)

图 1-9　新疆褐牛(母)

③生产性能。新疆褐牛成年公牛体重 951 kg,母牛 431 kg。犊牛初生重 28～30 kg。在舍饲条件下,新疆褐牛平均产奶量 2 100～3 500 kg,乳脂率 4.03%～4.08%,乳干物质13.45%。个别高的产奶量可达 5 212 kg。在放牧条件下,泌乳期约 100 d,产奶量 1 000 kg左右,乳脂率 4.43%。新疆褐牛在自然放牧条件下,中上等膘情 1.5 岁的阉牛,宰前体重 235 kg,屠宰率 47.4%;成年公牛 450 kg 时屠宰,屠宰率 53.1%,眼肌面积 76.6 cm^2。该牛适应性好,抗病力强,在草场放牧可耐受严寒和酷暑环境。

3.我国引进的国外优良肉牛品种有哪些?

(1)西门塔尔牛

西门塔尔牛在国际上虽属于兼用型牛品种,但其增长速度很快,肉用性能、适应性都很好,国内各肉牛场特别是西北各省按肉牛大量饲养。

①原产地。西门塔尔牛原产于瑞士,属大型役、肉、乳兼用型品种,适应性很强,能在各地自然条件下饲养,且乳用、肉用、役用性能可得到充分发挥。因此,世界各个国家都在引种饲养。我国于 1950 年开始引进,分布 20 多个省市、自治区,用于改良本地黄

牛,取得满意效果。

②外貌特征。西门塔尔牛被毛黄白花或红白花,头、胸、腹下和尾帚多为白色,体型高大,骨骼结实,肌肉发育良好,头较长,面宽,角较细而向外上方弯曲,颈长中等,体躯长,肋骨开张,胸深,尻平宽,前后躯发育好,四肢粗壮,步伐稳健,性情温顺,产肉性能良好(图 1-10)。

图 1-10 西门塔尔牛

③生产性能。西门塔尔牛成年公牛体重 800～1 200 kg,体高 145～150 cm,体长 182～185 cm;成年母牛体重 600～700 kg,体高 130～134 cm,体长 162～165 cm。西门塔尔牛体重大,增重快,肥育能力强,肉质良好,在良好的饲养管理条件下,肥育期(1.5 岁以内)平均日增重 800～1 500 g,屠宰率可达 53%～55%。据资料报道:西门塔尔牛育肥体重 507 kg 时,平均日增重为 1 160 g;阉牛 365 月龄,体重 478 kg 时,平均日增重可保持 1 270 g,屠宰率 59.5%～62.9%。用西门塔尔牛杂种进行育肥试验,用一代阉牛和二代阉牛作 45 d 肥育对比,于 1.5 岁时屠宰,平均日增重:一代牛为 864.1 g,二代牛为 1 134.3 g。说明肉用性能和其他大型肉用品种近似。

(2)利木赞牛

①原产地。利木赞牛原产于法国,属大型肉用牛品种,肉用特征明显,生长强度大,适应性强,耐粗饲,性情温顺,早熟性好,补偿生长能力强。我国于1974年开始分批引入,重点用于黄牛改良,杂种优势明显。

②外貌特征。利木赞牛被毛红色或黄色,口、鼻、眼圈周围和四肢内侧及尾帚毛色较浅,体型大,头短,额宽,有角,胸部宽深,肋骨开张,背腰宽直而较短,体躯较长,全身肌肉丰满,尻、臀部肌肉发达,四肢粗短而强健(图1-11)。

图 1-11　利木赞牛

③生产性能。利木赞牛成年公牛体重950～1 100 kg,平均体高140 cm左右,体长160～190 cm;成年母牛体重600～720 kg,体高127～130 cm,体长149～175 cm。利木赞牛犊牛初生体格小(公牛39 kg,母牛35 kg),但产后的快速生长能力和良好的体躯长度及令人满意的出肉率在肉牛生产中表现出良好的前景。7～8月龄体重达240～300 kg,平均日增重900～1 000 g,周岁体重可达450～480 kg,屠宰率68%～70%。该牛种适应性强、体质结实、明显早熟、补偿生长能力强、难产率低,肉质细嫩,大理石纹明显,适宜生产小牛肉且被广泛用于经济杂交。

(3)夏洛来牛

①原产地。夏洛来牛原产于法国,属大型肉用牛品种,能较好地适应各地的自然条件,表现出较强的耐寒性、耐粗性及采食性,在我国一般粗放条件下也表现较好的生产性能。我国于1965年开始从法国引进,用来改良各地黄牛,杂种优势明显,杂种一代牛体型外貌明显具有夏洛来牛的特征,体大粗壮,生长快,发育匀称,肌肉丰满,深受人们的欢迎。

②外貌特征。夏洛来牛被毛白色或乳白色,体型大,体质结实,骨骼粗壮,全身肌肉特别发达,头较小而短宽,角圆而较长,并向前方伸展,口方,颈粗而多肉,胸宽深,肋骨开张,背宽肉厚,体躯呈圆桶状,尻部平宽而长,臀部肌肉圆厚而丰满,大腿长、宽,肌肉向后突出,常见"双肌牛",腰部略凹陷(图1-12)。

图1-12　夏洛来牛

③生产性能。夏洛来牛成年公牛体重1 100～1 200 kg,体高142～145 cm,体长175～180 cm;母牛体重700～800 kg,体高132～138 cm,体长164～165 cm。夏洛来牛生长快,增重迅速,瘦肉多,且肉质好。据资料报道:在我国饲养条件下,犊牛初生重公犊48.2 kg,母犊46.0 kg,初生到6月龄平均日增重为1 168 g,18月龄公犊平均体重734.7 kg。在强度饲养条件下,周岁牛体重达

500 kg 以上，公犊平均日增重 1 100～1 200 g，母犊 1 000 g 左右，平均屠宰率达 65%～68%；阉牛 14～15 月龄平均体重 490～550 kg。夏洛来牛作为大型专门化肉用牛，肉用指标均比较高，但繁殖率低，难产率高，尤其是与一些小、中型牛杂交时，难产问题更显突出，生产中应引起重视。

(4)海福特牛

①原产地。海福特牛原产于英国，是古老的中、小型早熟肉用牛品种，具有体质强壮、较耐粗饲、适于放牧和产肉率高等特点。我国 1965 年开始引进海福特牛，主要用于黄牛改良，杂交效果良好，杂种牛体格加大，体型改善，宽度明显增加，平均日增重和屠宰率比本地牛都有较大幅度的提高。

②外貌特征。海福特牛全身被毛除头、颈垂、腹下、四肢下部及尾尖为白色外，其余为红色，皮肤为橙黄色，角蜡黄或白色，颈粗短，前胸发达，背腰宽平，臀部宽厚，四肢短粗，全身肌肉丰满(图 1-13)。

图 1-13 海福特牛

③生产性能。海福特牛成年公牛体重 900～1 100 kg，体高 130 cm，体长 169 cm；母牛体重 520～620 kg，体高 120 cm，体长 154 cm。犊牛初生重 28～34 kg，7～8 月龄的平均日增重 800～1 300 g，一般屠宰率达 67%，净肉率 60%。据资料报道：海福特

牛7～12月龄育成期的平均日增重公牛980 g,母牛850 g。与我国黄牛杂交,一代杂种阉牛平均日增重988 g,18～19月龄屠宰率56.4%,净肉率45.3%。海福特牛增重快,饲料利用率高,肉质细嫩,大理石纹明显,表现良好的肉用性能。

(5)安格斯牛

①原产地。安格斯牛属于古老的小型肉牛品种。原产于英国的阿伯丁、安格斯和金卡丁等郡,并因地得名。目前世界人多数国家都有该品种牛。

②外貌特征。安格斯牛以被毛黑色和无角为其重要特征,故也称其为无角黑牛。该牛体躯低翻、结实、头小而方,额宽,体躯宽深,呈圆筒形,四肢短而直,前后裆较宽,全身肌肉丰满,具有现代肉牛的典型体型(图1-14)。

图1-14　安格斯牛

③生产性能。安格斯牛具有良好的肉用性能,被认为是世界上专门化肉牛品种中的典型品种之一。表现早熟,胴体品质高,出肉多。安格斯牛成年公牛平均活重700～900 kg,母牛500～600 kg,犊牛平均初生重25～32 kg,成年体高公、母牛分别为130.8 cm和118.9 cm。屠宰率一般为60%～65%,育肥期日增重(1.5岁以内)平均日增重700～9 000 g。肌肉大理石纹很好。该牛适应性强,耐寒抗病。缺点是母牛稍具神经质。

(二)肉牛品种杂交利用

4.肉牛杂交中母本和父本的选择要求是什么?

我国目前还没有纯肉牛品种,肉牛生产主要通过杂交进行,杂交父本一般选用引入的肉牛品种。父本要求产肉性能好,全身肌肉丰满,体躯宽、深、长而呈圆筒形。背腰宽厚而胸深,肋骨弯曲,肌肉发达,背线腹下线平行,腹部中等大小。尻部、后大腿肌肉宽厚,向后延伸。从牛侧面看,后腿肌肉延伸到飞节呈一圆弧;从牛后面看,背腰及尻部肌肉宽阔,尻下两侧特别突出,后裆肌肉丰满。头颈部应有适当的粗细、厚薄和长短,符合品种特征和性别要求。专门化肉牛头部多较宽,面部较短,角细嫩而光滑。颈多肉,但要与肩、鬐甲结合平滑。躯干部分前躯、中躯、后躯三部分,要求鬐甲宽圆,胸深宽富有肌肉,胸与肩胛结合平滑;背腰宽广平直,多肉,肋骨弯曲,腹部不易过大;尻部长宽多肉,大腿肌肉更加发达,向后向外突出;前、后肢端正,两腿间距离宽,骨细,关节分明。皮肤薄而柔软,富有弹性;被毛细密而柔软,富有光泽。

母本要求适应性强,繁殖力强,一般选用良种黄牛,如秦川牛、南阳牛等;也可选用肉牛与黄牛的杂交后代,进行三元杂交,后代产肉性能更好。牧区多选用当地培育的兼用型牛品种,如三河牛、草原红牛等。

5.肉牛杂交模式有哪几种?

(1)经济杂交

经济杂交有两种:一是简单经济杂交,即两个品种之间的杂交,又称二元杂交,所产杂种一代,不论公母均不留作种用,全部作商品肉牛进行育肥,如夏洛来牛、利木赞牛、西门塔尔牛等与本地牛杂交后代的肥育。二是复杂经济杂交,即三个或三个以上品种之间杂交,杂交后代亦全部作商品用,如先用西门塔尔牛与本地牛杂交,杂交后代中公牛肥育,母牛再与夏洛来等大型肉牛杂交,三元杂交后代全部肥育,肥育效果很好。

(2)轮回杂交

轮回杂交是用两个或两个以上品种的公、母牛之间不断地轮流杂交,使逐代都能保持一定的杂种优势。杂种后代的公牛全部用于生产,母牛用另一品种的公牛杂交繁殖。据报道,两品种和三品种轮回杂交可分别使犊牛活重平均增加15%和19%。

(3)"终端"公牛杂交

"终端"公牛杂交用于肉牛生产,涉及3个品种。即用B品种的公牛与A品种的母牛配种,所生杂一代母牛(BA)再用C品种公牛配种,所生杂二代(ABC)无论雌雄全部育肥出售。这种停止于第三个品种公牛的杂交就称为"终端"公牛杂交体系。这种杂交体系能使各品种的优点相互补充而获得较高的生产性能。

(4)轮回-"终端"公牛杂交

这种方式是轮回杂交和"终端"公牛杂交体系的结合,即在两品种或三品种轮回杂交的后代母牛中保留45%继续轮回杂交,以作为更新母牛之需;另55%的母牛用生长快、肉质优良的品种种公牛("终端"公牛)配种,以期获得饲料利用率高、生产性能更好的后代。据报道,两品种和三品种轮回的"终端"公牛杂交体系可分别使犊牛平均体重增加21%和24%。

(三)母牛的发情与配种

6. 母牛发情后的表现是什么?

母牛发情时,表现为精神兴奋不安、哞叫、食欲减退、爬跨或接受其他母牛的爬跨,泌乳量下降,并作弯腰弓背姿势,频频排尿,外阴充血肿胀。以上表现随发情进展,由弱到强。待发情近结束时,又逐渐减轻并恢复正常。发情初期从阴门流出的黏液量少而稀薄；盛期黏液量多而浓稠，流出体外呈纤缕状或玻璃棒状；发情后期黏液量减少，混浊而且浓稠，最后黏液变为乳白色，似浓炼乳状，常黏于阴唇、尾根和臀部并形成结痂。母牛发情时，最明显的特征是爬跨行为，发情初期，发情母牛追逐或爬跨其他母牛，但发情母牛不愿接受其他母牛的爬跨；发情盛期时，发情母牛则接受其他母牛的爬跨，表现站立不动，举尾、后肢叉开，由于公牛或其他母牛多次爬跨，往往在发情母牛背腰和尾部留有泥垢，被毛蓬乱；在发情末期，虽有公牛和母牛尾随，但发情母牛不再接受爬跨，并逐渐变得安静。通过外观初步确认发情者，再用其他方法做进一步检查，最终判定发情与否及发情阶段，确定最佳的输精时间。

7. 母牛有哪些发情特点？

了解母牛发情特点，有助于发情鉴定，从而及时配种。母牛发情特点有：

(1)发情的持续时间短

母牛发情的持续期 20 h 左右，母牛垂体前叶分泌的促卵泡素低，而分泌的促黄体生成素最高。所以母牛的发情持续时间短而排卵快。

(2)在发情结束后排卵

当母牛发情开始时，卵泡只产生少量的雌激素，性中枢兴奋，出现交配欲。当卵泡继续发育接近成熟时，产生大量的雌激素时，性中枢受到抑制，交配欲消失，但卵泡还在继续发育，最后在促黄体生成素的协同作用下排卵。多数母牛在性欲结束后的 8～12 h 排卵。

(3)子宫颈开张程度小

母牛的子宫颈肌肉层特别发达，加之子宫颈管道窄细而弯曲，并有 2～3 个环状皱褶。在发情中期子宫开张程度也只有 3～5 cm。

(4)生殖道排出大量的黏液

发情母牛由生殖道排出的黏液量多，透明，黏性强。如同蛋清状。以后减少，变成半透明状。

(5)发情后的出血现象

春天和夏初，是母牛发情配种的旺季，在发情时有些母牛会从阴道中排出血液。因为母牛在发情过程中的排血现象不是病，而是正常的现象。说明其卵巢上有成熟的卵子排出，尤其是初配牛较为明显，一般在发情过程中经产牛排血者可占 61%，育成牛排血者占 91%。其排血的机理是：当卵泡发育成熟排卵后，不再继续分泌雌激素，致使血液中雌激素含量突然下降，导致子宫阜上的毛细血管变脆破裂，出现排血现象，以青年母牛较多。据统计，出血的受胎率为 72%，未出血的仅为 53%。因此，是一种正常的生理现象。

(6)安静发情率高

在发情的母牛中有不少母牛卵巢上虽有成熟卵泡也能正常地排卵受胎但外部的表现很弱，甚至观察不到，在生产中常常造成漏配，应注意观察。

(7)右侧卵巢排卵率高

母牛右侧卵较左侧卵巢上出现的比率高，大约 60%。

(8)爬跨行为

母牛发情后最特有的症状是接受其他牛的爬跨而不躲避。爬跨母牛中，发情牛只有 56.7%，有 19.9%的爬跨母牛正处在妊娠期，而在所有接受爬跨的母牛中，发情牛高达 98.6%。

8. 可采用哪些方法进行母牛发情鉴定？

在牛的繁殖过程中，发情鉴定是一个重要的技术环节。正确的发情鉴定可进行适时输精，判断母牛的发情阶段以及发情是否正常，发现疾病并及时治疗，从而达到提高母牛利用率的目的。

(1)外部观察法

主要根据母牛的外部表现和精神状态判断牛是否发情。外部观察主要从五个方面进行,即全身反应(如精神状态是否兴奋不安、食欲是否减退)、外生殖器官变化、分泌物状况、行为变化、生产力等进行综合分析和判定,外部表现已在第一个问题中做了描述。检查者在早上(4～6时)、中午(10～12时)、晚上(19～21时)分别观察牛只在舍内、运动场表现,并认真记录。

(2)试情法

利用输精管结扎的公牛或阴茎改道或切除阴茎的公牛试情,一种做法可观察到公牛紧随发情母牛,效果较好。另一种做法是将一半圆形的不锈钢打印装置,固定在皮带上,然后像驾具一样,牢牢戴在试情公牛的下颚部,当公牛爬跨发情母牛时,即将稠的墨汁印在发情母牛身上。这种装置叫下颚球样打印装置。为了减少公牛结扎输精管的麻烦,可选择特别爱爬跨的母牛代替公牛,效果更好。因为结扎输精管的公牛仍能将阴茎插入母牛阴道,可能引起感染。

另外,还有将试情公牛胸前涂以颜色或安装带有颜料的标记装置,放在母牛群中凡经爬跨过的发情母牛,都可在尾部留下标记。

(3)阴道检查法

阴道检查法就是将开膣器插入母牛阴道,借助一定光源,观察阴道黏膜的色泽,充血程度,子宫颈松软状态、子宫颈外口的颜色、充血肿胀程度及分泌物的颜色、黏稠度及量的多少,来判断母牛发情程度的方法。母牛发情时阴道黏膜充血肿胀,红润,并且有黏液积存在阴道中,子宫颈口充血松弛,开张,外口有多量黏液附着是发情最旺盛时期,用拇指和食指捏取阴道黏液,拉缩7～8次不断。此法常用于体格较大的母牛,但由于不能准确判断母牛的排卵时间,所以发情鉴定时很少应用,只作为一种辅助方法。

(4)直肠检查法

直肠检查法是术者将手伸进母牛的直肠内，隔着直肠壁触摸检查卵巢上卵泡发育的情况，是目前判断母牛发情比较准确而最常用的方法。

①检查前准备。

a. 材料与用品：保定栏、保定绳、洗手盆、一次性直检手套、毛巾、肥皂、温水等。

b. 动物准备：助手将待检母牛牵入保定栏内保定，将牛尾拉向一侧，使肛门充分外露。

c. 术者准备：术者将伸入直肠内的手(通常为左手)指甲剪短、磨光，将袖口高高挽起至腋下，用温水清洗手臂并涂抹肥皂润滑。

②操作方法。

a. 排出宿粪：术者站在牛的正后方，将左手五指并拢呈锥状旋转伸入肛门，进入直肠。进入直肠后，用力将小臂向上翘起，使冷空气进入直肠，同时手臂在直肠内由里向外来回推动，当直肠受到一定刺激后，引起排便反射，此时牛的肠壁、膈肌、腹肌一起收缩(努责强烈)，肠道内的粪便向后聚集并力图排出。术者尽力阻挡，当排便反射力量较强大时，可使粪便一次排出。

b. 寻找并触摸卵巢：将手伸入骨盆腔中部后，将手掌展平，掌心向下，慢慢下压并左右抚摸，在骨盆底的正中感到前后长而稍扁的棒状物，即为子宫颈。试用拇指、中指及其他手指将其握在手里，感受其粗细、长短和软硬。将拇指、食指和中指稍分开，顺着子宫颈向前缓缓伸进，在子宫颈正前方由食指触到一条浅沟，此为子宫角间沟。沟的两旁各有一条向前弯曲的圆筒状物，粗细近似于食指，这就是左右两子宫角。摸到后手继续前后滑动，沿子宫角的大弯，向下向侧面探摸，可以感到有扁圆、柔软而有弹性的卵巢。摸完一侧卵巢后，再将手移至子宫分叉部的对侧，并以同样的方法触摸另一侧卵巢。找到卵巢后，可用食指和中指固定卵巢，然后用拇指触摸卵巢，体会卵巢的大小、形状、质地和其表面卵泡的发育情况(图 1-15),按同样的方法可触摸另一侧卵巢。

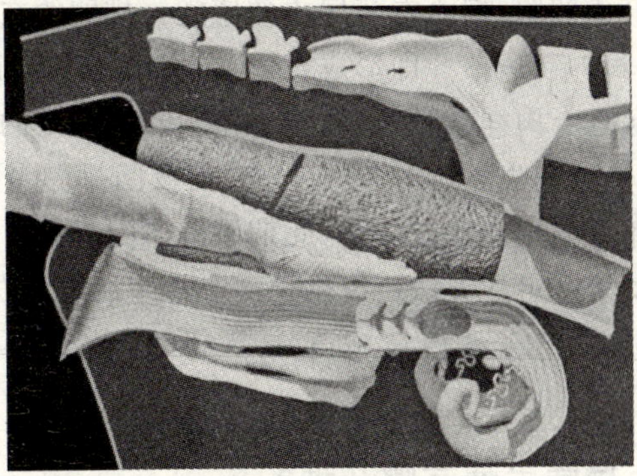

图 1-15 直肠检查

(选自耿明杰《动物繁殖技术》,2013)

在直肠检查过程中,检查人员应小心谨慎,避免粗暴。如遇到母牛强烈努责时,应暂时停止检查,等待直肠收缩缓解时再行操作。

③结果判定。牛的卵泡发育是一个连续不断的过程,为了便于区分,确定最佳的输精时间,通常将卵泡发育分为四个时期。第一期(卵泡出现期):卵巢体积比静止期稍增大,卵巢形态发生变化,呈"梨形",卵泡多在游离缘,此端稍增大,触诊时感到硬而光滑,卵泡直径为 0.5～0.7 cm。此期母牛已有发情表现,持续6～10 h,一般母牛已开始出现发情症状,但此期不予配种。第二期(卵泡发育期):卵巢游离缘明显增大,约为附着缘的 2 倍,卵泡直径增大到 1～1.5 cm,并突出于卵巢表面,呈小球状,触摸时感觉卵泡光滑有弹性,略有波动。持续期 10～12 h。母牛的发情表现由显著到逐渐减弱,此期一般不配或酌配。第三期(卵泡成熟期):卵泡体积不再增大,但卵泡液增多,卵泡壁变薄,紧张性增强,用手指触压,弹性弱,波动强,有一触即破之感。此期母牛外部发情表现趋于结束,进入发情末期,持续 6～8 h,此期必须抓紧配种。第

四期(排卵期):卵泡成熟破裂,卵泡液流出,卵子随之排出。卵泡壁变松软,形成凹陷,捏之有两层皮的感觉。排卵约在母牛发情结束后10 h,排卵后6～8 h即形成黄体,并突出卵巢表面,卵巢恢复正常大小,触之有肉样感觉,从此再也摸不到排卵处的凹陷。排卵时间通常在性欲消失之后的10～11 h,而夜间排卵者较白天排卵者多,右侧卵巢的排卵比左侧多,此期不宜再配。

此外,发情鉴定的方法还有生殖道黏液电阻测定法、血浆或奶中孕酮含量测定法、超声波检查法等,但应用均不及上述方法普遍。

9. 母牛异常发情有哪几种?

母牛发情受许多因素的影响,营养不良、饲养管理不善、激素分泌失调、疾病等原因均可能引起母牛的发情异常。常见的异常发情有隐性发情、假发情、持续发情、不发情等几种类型。

(1)隐性发情

隐性发情又称安静发情。这种发情表现性兴奋缺乏,性欲不明显,无发情症状,但卵巢上卵泡能发育成熟而排卵。隐性发情以初情期牛、产后母牛和年老体弱母牛为多见。一般认为,这是生殖激素分泌不足所致。对隐性发情但排卵的母牛,倘若输精适时,可得到正常受胎率。在生产中,需要特别注意结合牛的繁殖记录,加强对这些牛的发情观察,必要时进行直肠检查。

(2)假发情

假发情母牛只有外部发情表现,而卵巢上无卵泡发育;有时有卵泡发育,但不能发育成熟,也不排卵。假发情有两种:一种是母牛在怀孕以后出现爬跨他牛现象,而通过直肠检查或阴道检查,即可检出已孕母牛子宫颈外口紧闭,直肠检查可摸到胎儿。另一种是患有卵巢机能不全或有子宫内膜炎的母牛,也常出现假发情。其特点是卵巢上没有卵泡生长发育,即或有卵泡生长也不可能成熟排卵。因此,假发情不应进行配种,否则对妊娠母牛还会造成流产。

(3)持续发情

持续发情是指母牛发情持续时间长,有时连续几天发情不止。发生持续发情的原因主要有以下两种。

①卵泡囊肿。卵泡囊肿母牛虽有明显的发情表现,卵巢也有卵泡发育,但卵泡迟迟不成熟、不排卵,而且继续增生、肿大,甚至造成整个卵巢囊肿、充满卵泡液。由于卵泡上皮过量分泌雌激素,致使母牛持续发情。

②卵泡交替发育。卵泡交替发育即左右两个卵巢上交替出现卵泡发育,交替产生雌激素,而使母牛持续发情。

(4)不发情

不发情母牛既无发情表现,也不排卵。这种现象多发生在严寒的冬季或炎热的夏季或营养不良、患卵巢或子宫等疾病的母牛,较多的为持久黄体,或幼稚型卵巢,或有严重全身性疾病。对长期不发情母牛必须认真检查和全面分析,找出不发情的原因,采取行之有效的方法和措施,才能使不发情母牛正常发情配种受胎。

10.牛的配种方法有哪些?

牛配种方法有自然交配和人工输精两种。

(1)自然交配

这是任公牛与母牛直接交配的方法。常用的自然交配有本交和人工辅助交配。

①本交。在20～40头母牛群中放入一头种公牛,任其自然交配。这种方式常用于粗放管理的草原或山区,是最省人力的一种方式。但公、母牛在组群前必须保证是没有患生殖道疾病的个体。配种季节结束后,将公牛隔离,单独喂养。一般母牛的配种使用年限为9～11胎,公牛为5～6年。

②人工辅助交配。在没有人工授精的条件下,配种站配备一定数量的公牛,为来站的母牛配种。在人工辅助交配的情况下,应

做好母牛的外阴部清洗和消毒，也要做好公牛阴茎和包皮的洗涤工作。

(2)人工授精

这是由人工方法采取公牛精液，稀释后按一定剂量给母牛授精的方法。这种方法大大地提高了种公牛的利用率和母牛受胎率，人工授精操作将在本书第12个问题中详细阐述。

11.适宜配种时间怎么确定？

(1)小母牛第一次配种时间确定

母牛到达性成熟时，虽然已经具备了繁殖后代的能力，但由于其骨骼、肌肉和内脏各器官仍处在快速生长阶段，如果过早地交配，不仅会影响其本身的正常发育和生产性能，并且还会影响到幼犊的健康。因此，育成母牛不能过早配种。

决定母牛初配的年龄，主要根据牛的生长发育速度、饲养管理水平、气候和营养等因素综合考虑，但更重要的是根据牛的体重确定。一般情况下，育成母牛的体重达到成年母牛体重的70%左右(小型牛体重达250～300 kg、中型牛320～340 kg、大型牛340～400 kg)，才可进行第一次配种。达到这样体重的年龄，在饲养条件好的早熟品种为14～16月龄；饲养差的晚熟品种为18～24月龄。我国黄牛体重为150～250 kg时即可配种。我国母水牛初配年龄，一般应控制在3～4岁，营养好、生长快的可提前到2～2.5岁。母牦牛多在性成熟期配种。

育成母牛也有提前交配产犊的趋势，一般多在14～16个月配种，23～25个月产犊。这是加快遗传进展、节省劳力和降低成本以充分发挥生产潜力的措施之一。但是，育成母牛能否提前配种，应根据生长发育和健康状况而定，只有发育良好的育成母牛，才可提前配种。

育成母牛配种时间也不宜过晚。配种时间过晚不仅提高了培育成本，而且会因母牛肥胖而不易受胎，同时还会造成母牛难产。

育成母牛配种理想的体重和年龄见表1-1。

表1-1 育成母牛初次配种理想的体重和年龄

（选自王根林《养牛学》，2006）

品种	体重/kg	年龄
良种黄牛	250	20～24
海福特牛	270	14～15
安格斯牛	250	13～14
夏洛来牛	330	14～15

(2)发情母牛的适宜配种时间

不同个体母牛的发情持续期不同。俗话说“老配早，少配晚，不老不少配中间”。母牛排卵一般在发情结束后10～12 h。卵子排出以后在输卵管内保持受精能力的时间为8～12 h。所以，输精时间安排在排卵前6～8 h，受胎率最高。输精过早，受胎率往往不高，特别在使用冷冻精液时，更应掌握好输精的时机。但排卵时间不易准确掌握，而根据发情时间来掌握输精时间比较容易，以发情后期输精较好。在生产实践中，都是早晨发情(接受爬跨)傍晚输精；下午发情第二天上午输精。在一个发情期内输精两次，受胎率有所提高，但是为了节省精液和时间，以一次输精为宜。进行两次输精时，可在发现发情时输精一次，间隔10～12 h再输精一次。如果直肠检查技术熟练，最好通过直肠检查，根据卵泡发育情况确定适宜的输精时机。卵泡体积增大，波动比较明显，也就是当卵泡达到成熟接近排卵时，输精最为适宜。

为了做到适时配种，应仔细观察牛群，及时检出发情牛，掌握每头母牛的发情规律，使输精时机更合适，受胎率更高。

(3)母牛产后的适配时机

母牛产后配种应按照以下原则进行：①有利于提高牛的经济利用性(产奶量和产犊数)；②不影响母牛的健康；③能使母牛持久而正常地生产。母牛产后一般在30～72 d发情。产后第一次发情的时间受个体子宫复原、品种、产犊前后饲养水平等因素的影响，母牛产后第一次配种时间过早或过晚均不适宜。因此，母牛产后应有 40～60 d 的休情期，并在此后 1～3 个情期内配种，一般在产后 70～90 d 内配种受孕。这样就可以达到或接近一年一胎，既能保证牛生理恢复的需要，提高牛终生生产性能，又可提高牛的配种受胎率。实践证明，肉牛产后 60～90 d 配种，情期受胎率最高。如果发现母牛产后超过 60 d 仍不发情，应及时进行检查，以便提早治疗。

(4)公牛适宜配种年龄

不同种或品种的公牛，性成熟的年龄有一定差别。公牛的生殖机能的发育与母牛有类似处，在 6～8 月龄前，主要表现为身体骨骼和体格的生长。但此后，公牛的生殖器官和生殖功能迅速发育，睾丸开始产生精子，具备了繁殖后代的能力。但为了能充分利用公牛的种用性能，保证精液的品质，提高其利用年限，公牛在此阶段仍不能用于正常的配种或采精。

一般认为公牛 9～10 月龄是初情期的到来。此后，公牛的生殖机能逐步完善，精液品质逐渐提高。故公牛应在 18 月龄左右才能轻度利用，而 14～16 月龄就应开始调教和检查精液的品质。一般在 2～3 岁才完全成熟。

12. 如何规范地进行牛的人工授精操作?

(1)人工授精准备工作

①母牛的准备。将准备输精的母牛牵入输精架内保定，并把尾巴拉向一侧，将外阴部充分展露。用温清水洗净母牛外阴部，再用 1%新洁尔灭或 0.1%高锰酸钾溶液进行消毒，然后用消毒毛巾(或纱布)由里向外擦干。

②输精器械的准备。输精所用器械，必须严格消毒。玻璃或金属输精器可用蒸汽、75%酒精或放入高温干燥箱内消毒。开膣器以及其他金属用具洗净后浸泡在消毒液中，或者在使用前用酒

精、火焰消毒。细管冻精所用的凯式输精枪，通常在输精时套上塑料外套，再用酒精棉擦拭外壁消毒。一支输精器一次只能为一头母牛输精。

③输精人员的准备。输精人员应穿好工作服，并将指甲剪短磨光，手臂清洗后用75%酒精或2%来苏儿消毒，戴上长臂乳胶手套，涂上润滑剂。

④精液的准备。输精前要准备好精液，镜检观察精子活力。新鲜精液活率不低于0.7；低温保存的精液，必须首先升温至35℃左右，镜检活率不低于0.5，冷冻精液解冻后活力不低于0.3，确认合格后，方可用于输精。解冻后的精液应在15 min内输精，以防精子的第二次冷应激。塑料细管精液解冻后装入金属输精器。金属输精器使用方法是将输精器推杆向后退10 cm左右，装入塑料细管，有棉塞的一端插入输精器推杆上，深约0.5 cm，将另一端聚乙烯醇封口剪去。套上钢管套外层的塑料套管，其中固定细管用的游子应随同细管轻轻推至塑料套管的顶端，试推推杆由细管内渗出精液即可。

⑤精液品质检查。每次购回的冻精均应抽样检查其活力、密度、顶体完整率、畸形率及微生物指标是否符合国家标准GB 4143—2008。国标要求解冻后的精液：精子活力≥0.35，每一剂量呈直线前进运动的精子数≥8×10^6个，顶体完整率≥40%，精子畸形率≤18%，非病原细菌数＜800个/mL。

(2)输精方法

母牛的输精方法有阴道开张器输精法和直肠把握输精法，阴道开张器输精法操作简单、容易掌握，但输精部位浅，容易使精液倒流，影响受胎率。因此，目前采用最多的是直肠把握输精法。

①阴道开张器输精法。将经发情鉴定确认可以输精的母牛，牵入输精架内进行保定，将尾巴拉向一侧，用温水清洗外阴后，再用75%的酒精棉球擦拭消毒。将合格的精液吸入经消毒的输精枪或输精管中备用。一只手持消毒过的阴道开张器，涂抹少量石

蜡油，打开母牛阴道，借助光源找到子宫颈口；另一只手将吸有精液的输精枪或输精管伸入子宫颈口内2～3 cm，慢慢注入精液，如图1-16所示。然后，慢慢取出输精枪或输精管。将开张器闭合并轻轻旋转一周，确认没有夹住阴道黏膜后，慢慢拉出。

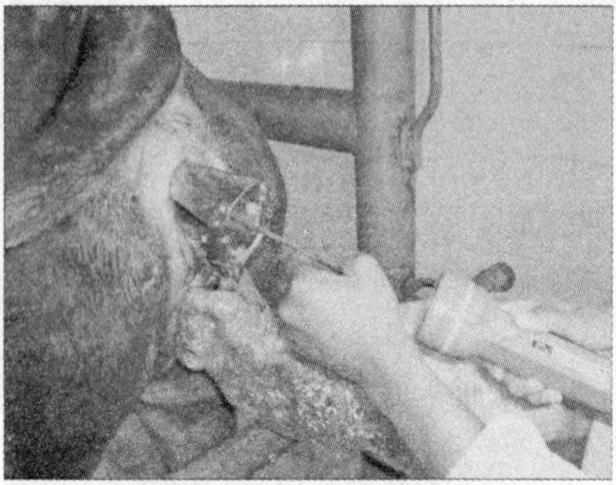

图1-16 阴道开张器输精法

（选自耿明杰《动物繁殖技术》，2013）

②直肠把握输精法。先将母牛的外阴部用高锰酸钾溶液消毒清洗、擦干。在手臂上擦一些肥皂，然后手握成楔形，插入肛门，将直肠内的粪便掏尽。排粪后再将外阴部擦净，右手将阴门撑开，左手将吸有精液的输精器，从阴门先倾斜向上插入阴道5～10 cm，再向前水平插抵子宫颈外口，右手从肛门插入直肠，隔着直肠壁寻找子宫颈，将子宫颈半握在手中并注意握住子宫颈后端，不要把握过前，以免造成子宫颈口角度下垂，导致输精器不易插入。正确操作时，两只手协同配合，就能顺利地将输精器插入子宫颈内5～8 cm，随即注入精液，如图1-17所示。如果在注精液时感到有阻力，可将输精器稍退后，即可输出，然后退出输精器。输精完毕，稍按压母牛腰部，防止精液倒流。

当遇有母牛努责时，一是助手用手掐母牛腰部，二是输精员可

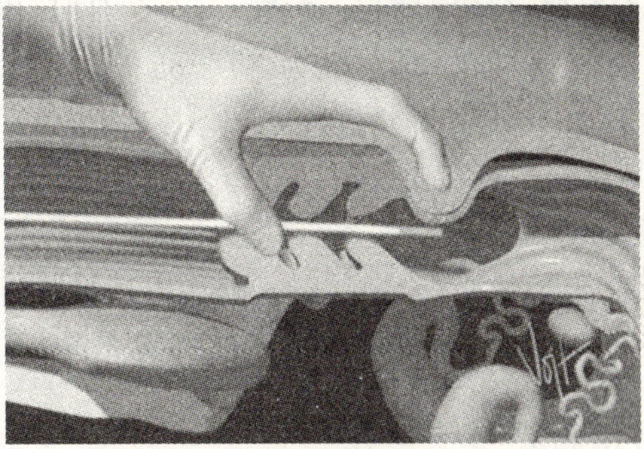

图 1-17　牛直肠把握输精法

（选自耿明杰《动物繁殖技术》,2013）

握着子宫颈向前推,以使阴道肌肉拉直,利于输精器插入。青年母牛子宫颈细小,离阴门较近,老龄母牛子宫颈粗大,子宫往往沉入腹腔,输精应手握子宫颈口处,以配合输精器插入。输精完毕,将所用器械清洗消毒备用。

在使用直肠把握输精法时必须要掌握的技术要领:“适深、慢插、轻注、缓出,防止精液倒流。”

(四)母牛的妊娠与分娩

13.怎样可早期诊断出母牛是否妊娠?

早期妊娠诊断是指配种后 20～30 d 进行妊娠检查。它对减少空怀、做好保胎、提高繁殖率具有十分重要的意义,早期妊娠诊断常用的方法有以下几种。

(1)外部观察法

母牛配种后,如已妊娠,表现不再发情,行动谨慎,食欲增加,被毛光亮,膘情逐渐转好。经产牛妊娠 5 个月后腹围增大,泌乳量显著下降，脉搏、呼吸频率增加。妊娠 6～7 个月时，用听诊器可听到胎儿的心跳，一般母牛的心跳为 75～85 次，而胎儿的心跳为 112～150 次。初产母牛到妊娠 4～5 个月后，乳房、乳头逐渐增大，7～8 个月后膨大更加明显。

(2)阴道检查法

母牛配种后 30 d 检查已妊娠的母牛，用开膣器插入阴道时阻力明显；打开阴道可见阴道黏膜干燥、苍白无光泽，子宫颈口偏向一侧，呈闭锁状态，有子宫颈塞。

(3)直肠检查法

此法是隔着直肠壁触诊子宫、卵巢及其黄体变化，以及有无胚泡(妊娠早期)或胎儿的存在等情况来判定是否妊娠，这是早期妊娠检查最为准确可靠的方法，被广泛用于生产实践中。

①检查方法。检查人员将指甲剪短、磨光，戴上长臂手套，伸入直肠(初学者不戴手套感觉更为清晰)，先排除直肠中的宿粪，再进行检查。在检查过程中牛的直肠常发生收缩、努责，操作人员要耐心，待直肠松弛后继续检查。当手进入直肠后，先摸到子宫颈，再将中指向前滑动，寻找子宫角间沟，然后手指向前、向下寻找，把两侧子宫角掌握在手掌中，分别触摸子宫角的形状、大小、左右对称情况及有无胎儿存在等。再进一步触摸卵巢，仔细体会有无黄体或卵泡的存在，最后综合确定是否妊娠。

②结果判定。

a. 未孕特征：未孕牛子宫颈、子宫体、子宫角及卵巢均位于骨盆腔内，经产多次的牛，子宫角可垂入骨盆入口前缘的腹腔内。两角大小相等，形状亦相似，弯曲如绵羊角状，经产牛有时右角略大于左角，弛缓，肥厚。能够清楚地摸到子宫角间沟，经过触摸子宫角即收缩，变得有弹性，几乎没有硬的感觉，能将子宫握在手中，子宫收缩像一球形，前部并有角间沟将其分两半，卵巢大小及形状视有无黄体或较大的卵泡而定。

b. 妊娠特征：妊娠 18～25 d，子宫角变化不明显，一侧卵巢上有黄体存在，则疑似妊娠。妊娠 30 d，两侧子宫角不对称，孕角比空角略粗大、松软，有波动感，收缩反应不敏感，空角弹性较强。妊娠 45～60 d，子宫角和卵巢垂入腹腔，孕角比空角约大 2 倍，孕角有波动感。用指肚从角尖向角基滑动中，可感到有胎囊由指间掠过，胎儿如鸭蛋或鹅蛋大小，角间沟稍变平坦。妊娠 90 d，孕角大如婴儿头，波动明显，空角比平时增大 1 倍，子叶如蚕豆大小。孕角侧子宫动脉增粗，根部出现妊娠脉搏，角间沟消失。妊娠 120 d，子宫沉入腹底，只能触摸到子宫后部及子宫壁上的子叶，子叶直径 2～5 cm。子宫颈沉移耻骨前缘下方，不易摸到胎儿。子宫中动脉逐渐变粗如手指，并出现明显的妊娠脉搏。

c. 直肠检查妊娠注意事项：做早期怀孕检查时，要抓住典型征状。不仅检查子宫角的形状、大小、质地的变化，也要结合卵巢的变化，做出综合的判断。母牛配种后 20 d 且已怀孕，偶尔也有假发情的个体，直肠检查怀孕症状不明显，无卵泡发育，外阴部虽有肿胀表现，但无黏液排出，对这种牛也应慎重对待，无成熟卵泡者不应配种；怀双胎母牛的子宫角，在 2 个月时，两角是对称的，不能依其对称而判为未孕。正确区分怀孕子宫和子宫疾病，怀孕 90～120 d 的子宫容易与子宫积液、积脓等相混淆。积液或积脓使一侧子宫角及子宫体膨大，重量增加，使子宫有不同程度的下沉，卵巢位置也随之下降，但子宫并无怀孕症状，牛无子叶出现。积液可由一角流至另一角。积脓的水分被子宫壁吸收一部分，会使脓汁变稠，在直肠内触之有面团状感。

(4)激素诊断法

母牛配种 20 d，用己烯雌酚 10 mg，一次肌肉注射。已妊娠的母牛，无发情表现；未妊娠的母牛，第二天表现明显的发情。用此法进行早期妊娠检查的准确性达 90%以上。

(5)孕酮水平测定法

母牛配种妊娠后，血液或乳中孕酮含量较未孕牛显著增加。用放射免疫法测定血浆或乳中的孕酮含量，以判定母牛是否妊娠。

(6)巩膜血管诊断法

母牛配种后 20 d,在眼球瞳孔正上方巩膜表面,有明显纵向血管 1～2 条,细而清晰,呈直线状态,少数中有分支或弯曲,颜色鲜红,则可判断为妊娠,其准确率在 90%以上。

(7)超声波诊断法

①检查方法。将 B 超调至使用状态。将牛站立保定,检查之前应排除受检牛直肠内的积粪,必要时可用温生理盐水灌肠,清除直肠内积粪,以保证检查区域环境清洁。将腔内探头慢慢置于受检牛直肠内,隔着直肠壁紧贴子宫角缓慢移动并不断调整探查角度,观察 B 超实时图像,直至出现满意图像为止(图 1-18)。

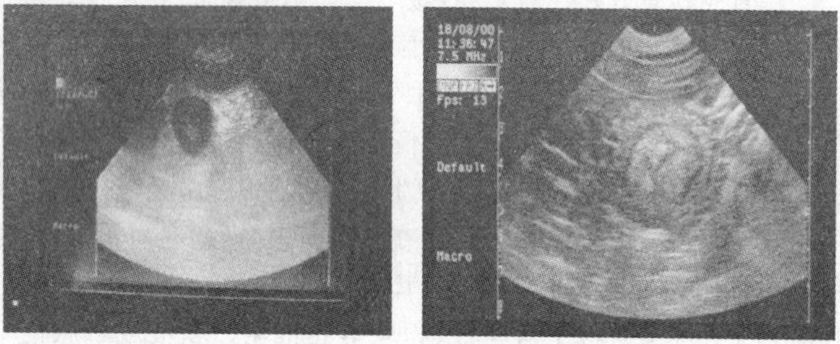

未孕母牛子宫角　　　　妊娠 30 d 母牛子宫角

图 1-18　母牛超声波妊娠诊断图像

(选自王璐菊《养牛生产技术》,2014)

②判定标准。在子宫内检测到胚囊、胚斑和胎心搏动即判为阳性;声像图显示一个或多个圆形液性暗区,判为可疑,择机再检;暗区散在低强度等回声光点(光斑)为子宫积液;暗区呈中或高回声液体声像图为子宫积脓;声像图显示子宫壁无明显增厚变化、无回声暗区,判为阴性。阳性准确率以产犊数(含流产)为准。

a.空怀母牛的子宫声像图:声像图显示子宫体呈实质均质结构,轮廓清晰,内部呈均匀的等强度回声,子宫壁很薄,而妊娠奶牛的子宫壁增厚。

b.怀孕母牛子宫声像图：牛配种后 33 d 和 36 d 的声像图，清晰地显示出胚囊和胚斑图像。33 d 时胚囊实物如一指大小，胚斑实物 1/3 指大小。声像图中子宫壁结构完整，边界清晰，胚囊液性暗区大而明显，液性暗区内不同的部位多见胚斑，胚斑为中低灰度回声，边界清晰。妊娠 30～40 d 时，B 超诊断的主要依据是声像图中见到胚囊或同时见到胚囊和胚斑。妊娠 40 d 以上时，声像图表现更明显，胚囊和胚斑均明显可见，有时还可见胎心搏动。

14.怎样推算母牛的预产期？

从母牛配种受胎至胎儿产出的这段时间称为妊娠期。妊娠期的长短受品种、年龄、季节、饲养管理和胎儿性别等因素的影响。早熟品种比晚熟品种的妊娠期短；乳牛比肉牛、役牛短；青年母牛比成年母牛约短 1 d；冬春分娩的母牛比夏秋季分娩长 2～3 d；饲养管理条件差的母牛比饲养管理条件优越的母牛妊娠期长，怀母犊比怀公犊的妊娠期短 1 d；怀双胎比怀单胎短 3～6 d。黄牛的平均妊娠期为 276～290 d。

为了做好分娩前的准备工作，必须较准确地计算出母牛的预产期。最简单的方法是：黄牛将配种月减 3，配种日加 6。在利用公式推算时，若配种月份在 1 月、2 月、3 月，需借一年（加 12 个月）再减。若配种日期加 6 的天数超过 1 个月，则减去本月天数，余数移到下月计算。

如一头黄牛 2014 年 8 月 5 日配种，预产期为 2015 年 5 月（8 月减 3 月）11 日（5 日加 6 日）。再比如，一头黄牛 2015 年 1 月 28 日配种，月份不够减，需借一年，即为 2014 年 13 月 28 日配种，预产期为 2015 年 10 月（13 月减 3 月）34 日（28 日加 6 日），日期超过了 1 个月，则减去 10 月的 31 d，即为 11 月 3 日，所以预产期为 2015 年 11 月 3 日。

15. 母牛有哪些预产征兆？

随着胎儿的逐步发育成熟，母牛在临产前发生了一系列的变化，根据这些变化，可以估计分娩时间，以便做好接产工作。

(1)乳房膨大

产前半个月左右，乳房开始膨大，到产前 2～3 d，乳房明显膨大，可从前两个乳头挤出淡黄色黏稠的液体，当能挤出乳白色的初乳时，分娩可在 1～2 d 内发生。

(2)外阴部肿胀

约在分娩前 1 周开始，阴唇逐渐肿胀、柔软、皱褶展平。由于封闭子宫颈口的黏液溶化，在分娩前 1～2 d 呈透明的索状物从阴道流出，垂于阴门外。

(3)骨盆韧带松弛

临产前几天，由于骨盆腔内血管的血流量增多，毛细血管壁扩张，部分血浆渗出血管壁，浸润周围组织，因此骨盆部韧带软化，臀部有塌陷现象。在分娩前 1～2 d，骨盆韧带已完全软化，尾根两侧肌肉明显塌陷，使骨盆腔在分娩时增大。

(4)体温变化

母牛产前 1 周比正常体温高 0.5～1℃，但到分娩前 12 h 左右，体温又下降 0.4～1.2℃。

(5)行为变化

临产前子宫颈开始扩张，腹部发生阵痛，引起母牛行为发生改变。当母牛表现不安，时起时卧，频频排尿，头向腹部回顾，表明母牛即将分娩。

16. 母牛难产时怎么助产？

(1)助产准备

助产工作是牛繁殖中的一项重要工作，直接关系到母仔生命的安危及产后疾病的预防，助产不当或没有及时助产，会给生产和经济上带来损失。因此，在分娩前应做好助产的准备工作。

①产房准备。产房应宽敞、光照充足，通风良好；产房地面铺上清洁、干燥的垫草，并保持安静的环境。使用前应进行全面的消毒，将墙壁和地面、运动场、饲草架、饲槽、分娩栏等打扫干净，并用3％～5％的氢氧化钠溶液或10％～20％的石灰乳水溶液或者商品消毒液（如百毒杀等）进行彻底的消毒。

②接产人员准备。一些规模化的牛场要有专人值班接产，并应具备接产的基本知识和兽医知识，以便发现问题及时处理。接产前，接产人员的指甲应剪短磨光，手臂应洗净消毒。

③药品及器械准备。产房内必须准备好接产用具和药品。如清洁的水盆、桶之类用具及肥皂、毛巾、刷子、绷带、消毒用药（如0.1％新洁尔灭、70％酒精、碘酒等）、产科绳、剪刀等，还应有体温计、听诊器、注射器和强心剂、催产药等。有条件的最好准备一套产科器械。

④母牛准备。临产母牛首先应在预产期前1～2周送入产房，以便使其熟悉产房环境，并能随时注意观察分娩预兆。接产人员对分娩母牛后躯用消毒剂清洗消毒，并争取母牛左侧躺卧在产房适当位置，以避免胎儿受到瘤胃的压迫。

(2)接产与助产

①接产。母牛分娩前要派专人值班，在正常分娩时，不要过早去帮助，因为助产不当，反而使分娩发生困难或引起产道的损伤或感染。此时，助产人员的主要任务是监视分娩状况，并护理好新生犊牛。只有在必要时才加以帮助，发现难产及时处理。

在胎儿进入产出期时，应及时确定胎向、胎位、胎势是否正常。检查时，可将手臂伸入产道内，要隔着胎膜触诊，避免胎水流失过早。如胎向胎势正常，不必急于将胎儿拉出，待其自然娩出。如胎势异常，可将胎儿推回子宫进行整复矫正。母牛正产时，胎儿两前肢夹着头先出。当胎儿头部已露出阴门外，胎膜尚未破裂时，应及时撕破，使胎儿鼻端露出，以防胎儿窒息，用桶将羊水接住，产后喂给母牛 3～4 次，可预防胎衣不下。胎儿头部未露出阴门外，不要过早扯破胎膜，以防胎水流失，使产道干涩。倒生时，两后肢先出，这时应及早拉出胎儿，防止胎儿腹部进入产道后，脐带可能被压在骨盆底下，造成胎儿窒息死亡。当母牛站立分娩时，应双手接住胎儿，以免摔伤胎儿。

②助产。若母牛阵缩、努责微弱，应进行助产，用消毒过的助产绳缚住胎儿两腿系部，并用手指擒住胎儿下颌，随着母牛阵缩和努责时一起用力拉，当胎儿头部经过阴门时，一人用双手捂住阴唇及会阴部，避免撑破。胎儿头部拉出后，再拉的动作要缓慢，以免发生子宫翻转脱出。当胎儿腹部通过阴门时，将手伸到胎儿腹下，握住脐带根部和胎儿一起向外拉，可防止脐血管断在脐孔内。当胎儿臀部通过阴门时，切忌快拉，以免发生子宫脱。如破水过早，产道干滞，可注入液体石蜡进行润滑。

总之，在助产过程中，切不可用力过猛，强拉胎儿，以防止子宫翻转脱出，并注意避免脐带断在脐孔内。

17.如何护理产后母牛和犊牛？

(1)母牛产后护理

母牛产后十分疲劳，身体虚弱，异常口渴，除让其很好休息外，可喂给温热麸皮盐水汤(麸皮 1.5～2 kg，盐 100～150 g，用温热水调成)，可补充母牛分娩时体内水分的损耗，帮助维持体内酸碱平衡，增加腹压和帮助恢复体力，冬天还可暖腹、充饥。注意选择易于消化又富于营养的草料饲喂产后母牛，每次喂量不宜太多，以免引起消化障碍，经 5～6 d 可恢复到正常饲养水平。

牛的胎衣排出后，及时检查是否完整，如不完整，说明母体子宫有残留胎衣，要及时处理。胎衣排出后，应立即取走，以免母牛吞食后引起消化扰乱。产后数小时，要观察母牛有无强烈努责。强烈努责可引起子宫脱出，要注意防治。同时将污草清除，换上干净垫草，让母牛休息。

产后母牛还要排出恶露，这是正常的生理现象，从观察恶露排出的情况可帮助了解子宫恢复的程度，产后第一天排出的恶露呈血样，以后逐渐变成淡黄色，最后变成无色透明黏液，直至停止排出。母牛恶露一般在产后 15～17 d 排完。如果产后 10 d 内未见恶露流出或发生乳房炎，表明恶露滞留子宫，并可能发生子宫内膜炎。若恶露呈灰褐色，气味恶臭，排出的天数拖延至 21 d 以上时，就应进行直肠检查或阴道检查，便于尽早治疗。

(2)犊牛产后护理

犊牛出生后应及时做好护理工作，对假死犊牛及早进行急救。

①确保犊牛呼吸顺畅。新生犊牛应立即清除其口腔和鼻孔内的黏液，以免妨碍犊牛的正常呼吸和将黏液吸入气管及肺内。如果发现犊牛生后呼吸困难，可将犊牛的后肢提起，或倒提犊牛用以排出口腔和鼻孔内黏液，但时间不宜过长，以免因内脏压迫膈肌，反而造成呼吸困难。对呼吸困难的犊牛也可采用短小饲草刺激鼻孔和用冷水喷淋头部的方法来刺激犊牛呼吸。

②断脐。犊牛的脐带多可自然扯断，当清除犊牛口腔和鼻孔内的黏液后，脐带尚未自然扯断的，应进行人工断脐。在距离犊牛腹部 8～10 cm 处，用已消毒的剪刀将脐带剪断，挤出脐带中黏液，并用 7%(不得低于 7%，避免引发犊牛支原体病)的碘酊对脐带及其周围进行消毒，30 min 后，可再次消毒，避免犊牛发生脐带炎。正常情况下，经过 15 d 左右的时间，残留的脐带干缩脱落。

③擦干被毛及剥离软蹄。在断脐后，应尽快擦干犊牛身上的被毛，立即转入温室(最低温度在 10℃以上)，避免犊牛感冒。最好不要让分娩母牛舔舐犊牛，以免建立亲情关系，影响挤乳或胎衣排出。然后，剥离犊牛的软蹄，利于犊牛站立。

④尽早吃初乳。初乳对新生犊牛具有特殊意义，让犊牛在生后及时吃到初乳，获得被动免疫，减少患病的几率。

⑤特殊情况的处理。犊牛出生后如其母亲死亡或母牛患乳房炎，使犊牛无法吃到其母亲的初乳，可用其他产犊时间基本相同健

康母牛的初乳。如果没有产犊时间基本相同的母牛，也可用人工初乳代替。对于人工初乳，饲喂前应充分搅拌，加热至38℃饲喂，最初1～2 d犊牛每天第一次喂奶后灌服液体石蜡或蓖麻油30～50 mL，以促其排净胎粪，胎粪排净后停喂；5～7 d后停喂维生素A，从第5天起抗生素添加量减半，到15～20 d时停用。

(五)提高牛繁殖力的技术

18.影响繁殖力的因素有哪些？

(1)遗传因素

繁殖力受遗传的影响，不但品种之间存在差异，而且同一品种内个体间也不相同。

(2)营养水平

营养对牛的发情、配种、受胎以及犊牛成活起决定性的作用。其中，以能量和蛋白质对繁殖影响最大。

①能量。能量不足，会推迟后备牛的性成热和适配年龄；断奶期体况不良会使产后乏情期延长；泌乳早期能量负平衡可能降低繁殖力，严重时会出现发情周期停止，或有发情周期但不表现发情；对于妊娠的母牛，能量不足会造成胎儿早期死亡或流产、分娩无力、生出弱犊等。而能量过高又会使奶牛肥胖，使生殖道周围脂肪沉积过多，卵巢周围脂肪浸润，阻碍卵泡发育，甚至阻塞或压迫输卵管，影响受精。

②蛋白质。蛋白质不足可能导致生殖器官发育受阻和机能紊乱，后备母牛发情推迟，卵巢和子宫发育不全，成年母牛发情失常，影响受胎和妊娠，出现死胎、流产；而蛋白质水平过高，会使尿素或氨的水平升高。

③矿物质。矿物质中，磷对牛的繁殖力影响最大。缺磷会推迟性成熟，影响成年母牛的受胎率。此外，一些微量元素如硒、钼、

铜、镁、碘、钴、锰等，对奶牛的繁殖和健康都起作用，不可缺少。

④维生素。脂溶性维生素对奶牛繁殖的影响主要与提供方式有关。通常长期提供脂溶性维生素，可以提高繁殖力。

(3)环境因素

气候和环境因素，如季节、温度、湿度和日照等，都会影响牛的繁殖，尤其在夏季，高温、高湿对牛造成的热应激，将导致牛不发情或发情症状不明显、受胎率直线下降、胚胎死亡或流产数量增加等。为了提高奶牛的繁殖力，应尽可能给牛提供适宜的饲养环境条件。

(4)疾病

子宫炎、卵巢囊肿、肢蹄病、乳腺炎、真胃移位、乳热症、胎衣滞留以及跛行(包括蹄叶炎、腐蹄病和趾间纤维乳头瘤等引起的跛行)等症均影响繁殖力。

对患传染性疾病(如布氏杆菌病或滴虫病)的病牛，应严格执行传染病的防疫和检疫规定，按规定及时处理。对疑因传染病引起的难孕牛或流产牛，应尽快查明原因，采取相应措施，以减少传染病的蔓延。对于子宫或卵巢炎症等一类非传染性疾病，应根据发病的原因，从管理、激素治疗等方面着手，做好综合防治工作。

(5)牛群管理

牛群管理的好坏对繁殖力的影响也很大。管理工作涉及面广，包括熟练掌握牛群的发情规律和繁殖情况，制定科学的配种计划和精液供应，以及合理的牛群结构和生产利用、保胎等工作。甚至犊牛的哺乳和成母牛的饲养方式都与繁殖力有关。

(6)精液品质

精液品质的好坏，以及精液的保存、取用及解冻过程是否科学都会直接或间接影响繁殖力。其中，检查精液品质最常用的方法是检查精子活力。刚采出的牛精子的正常活力应不低于0.7，即70%的精子为呈直线前进运动的精子。冻精活率不低于0.3时，方可用于输精。

(7)输精技术

输精员的操作技术是否过硬，能否适时将精液输入子宫体深部，各个环节是否严格按规程操作，以及早期妊娠诊断的准确性等都会影响牛群的受胎率。

19. 如何提高母牛的繁殖力？

(1)加强选种

繁殖性状的遗传力虽然较低，但遗传变异大。因此，加强选种，可提高繁殖力。

(2)合理饲养

饲养水平过高或过低均会影响牛繁殖力。为了提高牛的繁殖力，应当加强牛的营养供给，应给提供适量、全价的日粮，以提高繁殖率。尤其在牛日粮中添加钼和硒等微量元素以及胡萝卜素和维生素 A 等，既可增加产奶量，又可提高繁殖力。

对初情期的牛，应注重蛋白质、维生素和矿物营养的供应，以满足其性机能和机体发育的需要。但过高的营养水平，常可导致公牛性欲及母牛发情的异常。种用牛体质，不应过度肥胖或消瘦。青饲料供应对于非放牧的青年牛很重要，应尽可能给初情期前后的公、母牛提供优质的青饲料或牧草。棉籽饼中含有棉酚，对生殖细胞和胚胎发育有不良影响。所以，在牛日粮中的比例不宜过高。此外，由于豆科牧草和豆科作物中含有植物雌激素，对牛发情和妊娠有干扰作用，故一次饲喂量不宜过多。

(3)加强管理

①做好防暑降温工作。在牛的繁殖管理上，要注意牛场环境的影响，尽可能避免炎热或严寒，特别是前者对牛的影更大。

②缩短产犊间隔。采用定时人工授精方法可以缩短产犊至受胎间隔时间。

③生殖疾病监控。测定奶或血中孕酮水平，是监测生殖疾病的常用方法。

④保证精液质量。对配种前的精液，每批均应检查精子活力、顶体完整率、畸形率、精子的密度及微生物含量等，以保证精液品质，提高受胎率。

⑤做好母牛的发情观察。为尽可能提高发情母牛的检出率，每天至少于早、中、晚进行3次定时观察。

⑥适时输精。适时而准确地把一定量的优质精液输到发情母牛子宫内的适当部位，对提高母牛受胎率至关重要。因此，要求人工授精技术员通过观察或直肠检查确定卵泡成熟度，推测发情的持续时间和排卵时间，对每头牛的发情特点了如指掌，适时输精母牛一般在发情结束后排卵，卵子的寿命为6～10 h，故牛在发情期内最好的配种时间应在排卵前的6～7 h。并对每一发情周期做好繁殖配种记录。

⑦提高输精效果。除了适时输精外，尚可在输精的同时净化子宫，以提高受胎率。

⑧积极治疗繁殖机能障碍。对异常发情、产后50 d内未见发情的牛只，应及时进行生殖系统检查。对确诊患有繁殖机能障碍的牛只，应及时进行治疗，并对这些牛做病史记录，跟踪观察。人工授精员应熟练掌握治疗繁殖机能障碍的药物、药理作用、剂量及用法。

⑨加速繁殖新技术的推广和普及。目前，我国在牛的早期妊娠诊断、同期发情、胚胎移植等繁殖新技术方面做了不少工作，取得了一定成效。今后，除继续加强繁殖新技术的研究外，还需根据我国的实际，推广和普及繁殖新技术，以期较大幅度地提高牛的繁殖力。

⑩实施丰富饲养，实现早期配种。加强犊牛和育成牛的饲养管理，使其尽早达到初配适龄的标准体重。

20.现代繁殖技术有哪些？

(1)同期发情

同期发情又称同步发情，即通过利用某些外源激素处理，人为地控制并调整一群母牛在预定的一定时间内集中发情,以便有计划地合理组织配种。

(2)胚胎移植

胚胎移植又称受精卵移植,也称为“借腹怀胎”或“人工授胎”,其含义为将一头良种母牛的早期胚胎用冲洗子宫的方法取出,或是经体外受精获得的胚胎,移植到另一头生理状态相同的母牛体内,使之继续发育成为新个体的技术。提供胚胎的个体称为“供体”,接受胚胎的个体称为“受体”,通常仅将优良的母牛作为“供体”。

胚胎移植的基本过程包括:供体和受体的选择、供体和受体的发情同期化、供体母牛的超数排卵和受精以及胚胎的采集、检出、鉴定、保存和移植等。

(3)胚胎分割

家畜胚胎分割是20世纪80年代发展起来的一项生物工程技术。应用这项技术可以人为地将一枚胚胎通过显微手术分割成2个,甚至分割成4个或8个,经体外培养和移植后,以获取同卵双生或多生后代的方法。这是胚胎移植中扩大胚胎来源的一个重要途径。

(4)胚胎嵌合

胚胎嵌合是将不同种源的胚胎或卵裂球整合成一个完整胚胎的生物技术。合成的新胚胎称作嵌合体。1971年,Mintz通过聚合无透明带的胚胎产生了小鼠的嵌合后代,1984年,Brem等将分割胚胎在透明带内聚合,1990年,Picard等将内细胞团注入囊胚产生了牛的嵌合体,1998年,铃木达行等成功地用四品种嵌合公牛(父本为日本黑牛和利木赞牛,母本是荷斯坦牛和日本红牛)的精子生产体外受精胚胎。目前,胚胎嵌合技术还处于实验研究阶段,所用的嵌合方法主要有早期胚胎卵裂球嵌合法、卵裂球聚合法两种。

(5)体外受精

体外受精就是使精子和卵子在母体外实现受精而结合成为有生命合子的一种技术。1982 年在美国成功产下世界上第一头体外受精犊牛。目前,该项技术已在多种家畜和人类中获得成功。体外受精技术的主要操作程序包括精子的采集、精子的获能、卵子的采集和卵子的成熟、受精、受精卵培养和移植等。受精的成功与否,主要在于精子的获能和卵子的成熟这两个环节。

(6)克隆技术

克隆(Clone)又称无性繁殖,是一个生物体或细胞通过无性繁殖而产生的一个群体,组成这种群体的每一个个体在基因型上应该都是相同的。动物克隆包括孤雌激活生殖、同卵双生、胚胎分割以及核移植等。通常所指的克隆大多为核克隆,它是通过显微操作、电融合等一系列特殊的人工手段,将供体核(胚胎分裂球或体细胞)植入成熟去核的卵母细胞(受体细胞)中,构成一个重组胚胎的过程。

二、肉牛饲料及加工调制

(一)肉牛粗饲料及加工调制技术

21. 肉牛常用粗饲料有哪些?

肉牛粗饲料来源很广,玉米秸秆、小麦秸秆、稻草、稻壳、酒糟等粉碎加工后都可以用来养牛。粗饲料是体积大、粗纤维含量高、难以消化、营养价值较低的一类饲料。其粗蛋白质含量差异大;含钙量高,含磷量低;维生素含量丰富。主要包括青干草、秸秆饲料、秕壳饲料和树叶类。

(1)青干草

以细茎的牧草、野草或其他植物为原料,在结籽前刈割其地上部分,经自然晒制或人工烘烤蒸发其大部分水分,干燥到能长期贮存的程度,即称之为干草。这类饲料品种较多,各类青绿饲料均可调制。青干草品质的优劣,通常根据植物种类、生长阶段、色泽、茎叶多少、气味、杂质含量等感官指标来评定。更进一步的比较,则要进行实验室营养分析来确定。

青干草的调制方法不同,其营养的损失也不同。有的损失很大,有的则几乎没有什么损失,如用人工脱水干制方法调制青干草,损失的养分极少。优质干草呈绿色、多叶、柔韧、适口性好。所以含粗蛋白质、胡萝卜素、维生素 D、维生素 E 及矿物质较丰富。豆科青干草粗蛋白质含量高达 14%～21%,禾本科为 8%～11%(图 2-1)。

图 2-1　青干草

①苜蓿干草。不论青刈、青贮、半干青贮或晒制干草，苜蓿都是肥育牛羊极好的饲料原料。作为一种豆科作物，苜蓿含有较高的蛋白质（如全花期收割的苜蓿干草，在含水量为 0 时，粗蛋白质的含量高达 32.5%），也含有很高的能量（增重净能高达 2 662.7 kJ，或 0.33 RND），所以既可以作为粗饲料（含纤维素 59%）使用，也可以作为蛋白质饲料使用。苜蓿中钙的含量高（2.9%），磷的含量低（0.69%），胡萝卜素的含量也很高（65 mg/kg）。同时，由于苜蓿中所含的金属盐具有较强的缓冲能力，所以适量饲喂苜蓿可以预防瘤胃酸中毒。但是由于苜蓿中粗蛋白质含量较高，在幼嫩的苜蓿草中含有一些硝酸盐和亚硝酸盐，当牛羊空腹采食大量的苜蓿青草时，容易引起瘤胃臌气。所以在喂苜蓿之前，要先给牛喂一些禾本科秸秆或野青干草，控制苜蓿喂量为牛羊体重的 0.2%～0.3%（按干物质计算）。苜蓿的营养价值在不同的生长期变化很大，为了获得较高的干草量和营养成分，最好的收获期应在孕蕾期、始花期。

②野青草（或干草）。北方地区常见的野青草有：草地羊茅、野燕麦、黑麦草、羊草、果园青草、雀麦、猫尾草、鸡脚草、三叶草

等。青草中干物质的含量平均为25%(范围23%~30%),粗蛋白质的含量变化为5%~20%。野草中的钙磷含量,除豆科牧草外,基本相当,平均在0.35%~0.6%范围内;胡萝卜素含量一般为50~70 mg/kg。

(2)秸秆饲料

秸秆饲料指各种作物在收获籽实后的秸秆用作饲料。包括茎秆与叶片两部分。其叶片含营养成分较高,故叶片损失越少,其相对营养价值越高(图2-2)。

图2-2 肉牛采食秸秆饲料

秸秆的特点:木质化的粗纤维素含量高,硅酸盐沉淀多;粗蛋白质含量低,可消化粗蛋白质含量更低;干物质含量高,但由于消化率低,采食量也低;钾含量高而钙、磷、钠、镁含量低;总能高而消化能含量低;维生素含量非常低。

常用的秸秆饲料主要有:玉米秸、麦秸、谷草、稻草、糜草、大豆秸、豌豆蔓等。各种作物秸秆在营养价值上也有一定差异,按消化能和可消化粗蛋白质两项指标,其营养价值的排序为:玉米秸秆>黑麦、燕麦秸>大麦秸>稻草>小麦秸。

秸秆粗纤维含量较高,25%~30%。蛋白质含量低,禾本科秸秆为3%～5%；大豆秸为21%，稻草为16%。含钙量高，含磷量低，干甘薯蔓含钙量达2%以上，豆科秸秆含钙量1.5%左右，禾本科秸秆含钙量0.2%～0.4%；各种秸秆含磷量多为0.1%以下。

(3)秕壳饲料

秕壳饲料是农作物在收获脱粒时的副产品。包括包被种子的颖壳、荚皮及外皮等。如麦糠、米糠、稻壳(图2-3)、豆荚等。稻、麦等秕壳有芒，用它饲喂家畜时要进行预处理，一般是通过浸泡使其变软。

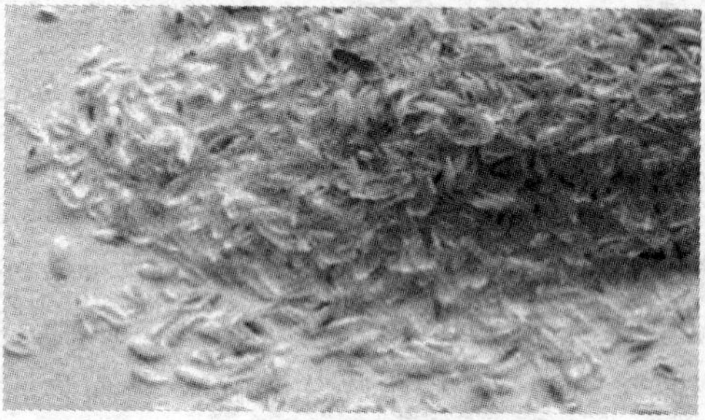

图2-3 稻壳

(4)树叶类

我国现有森林面积1.3亿 hm^2 左右，树叶产量占全树生物量的5%。每年各类乔木的嫩枝叶约有5亿t，薪炭林及灌木林的嫩枝叶数量也相当巨大，如果能合理利用这一宝贵资源，对我国饲养业的发展，将会起到重要作用。

大多数树木的叶子及其嫩枝和果实，都可用作牛的饲料。树叶的营养成分因产地、品种、季节、部位和调制方法不同而异，一般鲜叶、嫩叶营养价值最高，其次为青干叶粉，青落叶、枯黄干叶营养价值最差，如紫穗槐、洋槐和银合欢等树叶。据分析，紫穗槐青干叶中胡萝卜素含量可达到270 mg/kg。核桃树叶中含有丰富的维生素C，松柏叶中也含有大量胡萝卜素、维生素C、维生素E、维生素D、维生素 B_{12} 和维生素K等，并含有铁、钴、锰等多种微量元素。有些树叶中含有单宁，有涩味，牛不喜采食，必须加工调制(发酵或青贮)再喂。有的树木有剧毒，如荚竹桃等，要严禁饲喂。

22. 如何制作青贮饲料?

青贮是保证常年均衡供应青绿多汁饲料的有效措施，青贮饲料气味酸香，柔软多汁，颜色黄绿，适口性好，是牛羊四季特别是冬春季节的优良饲料。牛喂青贮料可节约大批粮食，降低饲养成本，能显著提高肉牛增重，对于提高养牛业的经济效益具有重要意义。

(1)一般青贮

①青贮原理。青贮是利用乳酸菌的发酵作用，达到长期保存青绿多汁饲料营养特性的一种方法。青贮过程的实质是将新鲜植物紧实地堆积在不透气的容器中，通过微生物(主要是乳酸菌)的厌氧发酵，使原料中所含的糖分转化为有机酸——主要是乳酸。当乳酸在青贮原料中积累到一定浓度时，就能抑制其他微生物的活动，并制止原料中养分被微生物分解破坏，从而将原料中的养分很好地保存下来。同时，乳酸发酵过程中产生大量热能，当青贮原料温度上升到50℃时，乳酸菌也就停止了活动，发酵结束。由于青贮原料是在密闭并停止微生物活动的条件下贮存的，因此，可以长期保存而不会变质。

②青贮技术要点。

a. 选择合适的原料。乳酸菌发酵需要一定的糖分，青贮原料中含糖量不宜少于1.0%～1.5%，否则会影响乳酸菌的正常繁殖，青贮饲料的品质难以保证。对于含糖少的原料，可以和含糖多的原料混合青贮，也可以添加3%～5%的玉米面或麦麸单独青贮。

b. 确定适宜的时间。利用农作物秸秆青贮，要掌握好时机，过早会影响粮食生产，过迟会影响青贮品质。青贮玉米秸秆在籽实蜡熟而秸秆上又有一定数量的绿叶，茎秆中水分较多时进行较好。

c. 排除空气。乳酸菌是厌氧菌，只有在没有空气的条件下才能进行繁殖。如不排除空气，不仅乳酸菌不能存活，而且好气的霉菌、腐败菌会乘机滋生，导致青贮失败。因此，在青贮过程中，原料要切得长短适宜，尽量踩实，排除空气，并缩短铡短装料的过程，密封严实。

d. 创造适宜的温度。原料温度在 25～35℃时，乳酸菌会大量繁殖，很快占主导优势，致使其他一切杂菌都无法活动繁殖，若原料温度在 50℃以上时，丁酸菌就会生长繁殖，使青贮料出现臭味，以致腐败。

e. 掌握好水分。适于乳酸菌繁殖的含水量为 70%左右，过干不易踩实，温度易升高；过湿酸度大，牛不爱吃。70%的含水量，相当于玉米植株下边有 3～5 片干叶；如果全株青绿，砍后可以晾晒半天，青黄叶比例各半。

③青贮方法与步骤。

a. 青贮设备的准备。制作青贮饲料需要有一定的容器，如青贮窖(坑)、青贮塔、青贮壕、青贮缸和青贮塑料袋等，这些都要提前选择、购置或建造。根据青贮原料的品种和数量确定容器的容量。青贮窖(坑)最好是用砖砌、水泥抹面，并选择地势高燥、地下水位低和土质坚硬向阳的地方，以防渗水、倒塌。挖好窖后，应晾晒 1～2 d，以减少窖壁水分，增加窖壁硬度，窖的四周应有排水沟，以防雨水流入窖内。旧窖(坑)在使用前要清理出杂物，修补并消毒(图 2-4)。

b. 青贮原料的收割和切短。待到原料植株达到收割适期时，选择晴好的天气收割。原料收割后立即运到青贮地点，将青贮秸秆原料切短，长度在 2～5 cm(图 2-5)。

c. 装填和压实。装窖前先在窖底铺一层 15～20 cm 厚的麦草或其他秸秆，窖壁四周可铺一层塑料薄膜，加强密封，防止透水漏气。如果原料含水量大，在装填时要掺入适量的糠麸以调节含水量。装填青贮秸秆时，应逐层装入，每层装 15～20 cm，随装随压

图 2-4　青贮窖

图 2-5　青贮原料的切短

实。添加糠麸、谷实等进行混合青贮时，要在压紧前分层混合。压实的方法：小型窖可用人力踩踏，大型长壕可用链轨拖拉机等，要特别注意压紧窖的边缘和四角。这样层层装填、压实，直至高出窖口 50～60 cm 为止(图 2-6)。

图 2-6　装填和压实

d.密封和管理。装满秸秆后即可加盖封顶。先覆盖一层塑料薄膜，再盖一层厚 20～30 cm 切短的秸秆或软草，然后盖上厚 30～50 cm 洁净的湿土，并做成馒头形(圆窖)或屋脊形(长窖)，盖土的边缘要超出窖口四周外围，以利排水。距青贮窖 1 m 四周挖好排水沟，防止雨水渗入窖内，用塑料袋做青贮时，装满秸秆后用细绳扎紧袋口即可。贮后 5～6 d 进入乳酸发酵阶段，青贮料脱水，软化，当封口出现塌裂、塌陷时，应及时进行增补，以防漏水漏气。要防牲畜践踏并做好防鼠工作，保证青贮质量。青贮秸秆装窖密封，经 1.5 个月后，乳酸菌的发酵过程完成，青贮饲料也就制作成了，便可以开窖饲喂(图 2-7)。

④青贮饲料制作注意事项。在青贮过程中，要连续进行，一次完成。青贮设备最好在当天装满后再封严，中间不能停顿，以避免青贮原料营养损失或腐败，导致青贮失败。概括起来就是要做到“六快”，即做到“快割、快运、快切、快装、快压、快封”。

⑤青贮饲料品质评定。上等：黄绿色、绿色，酸味浓，有芳香味，柔软稍湿润。中等：黄褐色、黑绿色，酸味中等或较少，芳香、稍

图 2-7　封顶

有酒精味，柔软稍干。下等：黑色、褐色，酸味很少，有臭味、干燥松散或黏软成块，不宜饲喂，以防中毒。

⑥青贮饲料的利用。饲喂青贮料之前应检查质量——色、香、味和质地。玉米秸秆青贮带有很浓的酒香味。发霉、发黏、黑色、结块的青贮料不能再用来喂牛。饲喂时，青贮窖只能打开一头，要采取分段开窖，分层取，取后要盖好，防止日晒、雨淋和二次发酵，避免养分流失、质量下降或发霉变质。开始饲喂青贮料时，要由少到多，逐渐增加，停止饲喂时，也应由多到少逐步减喂。使牛有一个适应过程，以防止暴食和食欲突然下降。青贮饲料的用量，应视牛的品种、年龄、用途和青贮饲料的质量而定，但应注意，鲜嫩的青草、菜叶青贮后仍然含有大量轻泻物质，喂量过大往往造成牛腹泻，影响消化吸收。肉用牛通常喂量 5～12 kg。

(2)添加剂青贮

①发酵促进剂。

a. 微生物添加剂青贮能否成功，在很大程度上取决于乳酸菌能否迅速而大量地繁殖。青绿作物叶片上天然存在着少量乳酸菌。在青贮时加入乳酸菌菌种，可以促进乳酸菌尽快繁衍，产生大量乳酸，降低 pH，从而抵制有害微生物的活动，减少干物质损失，获得理想的青贮饲料。国外早在 20 世纪 50 年代就开展这一领域的研究，不少产品已经产业化。中国农业科学院饲料所已引进微生物青贮添加剂生产技术，并进行产业化生产。

b. 碳水化合物有了足够的乳酸菌，还必须创造有利于其繁衍的适宜环境。除了保持密闭环境之外，乳酸菌还需要一定浓度的糖分作为营养。保证充分乳酸发酵的青贮原料的可溶性碳水化合物含量应高于 2%(鲜样)，如果低于 2%，便有必要加入一些可溶性糖，以利发酵。目前，乳酸菌主要用于栽培牧草和饲料作物，因为这些原料具有足够数量的可溶性糖。实践上，乳酸菌往往与少量麸皮等混合制成复合添加剂，既有利于均匀添加，又能起到补充可溶性糖分的作用。这样可以使青贮发酵过程快速、低温、低损失，并能保证青贮饲料的稳定性。

c. 纤维酶制剂。对于秸秆类饲料，由于其纤维木质素含量较高，常结合采用多种纤维酶制剂。使用纤维素酶制剂不仅可以把纤维物质分解为单糖，为乳酸菌发酵提供能源，而且还能改善饲料消化率，该类型的酶制剂主要包括纤维素酶、半纤维素酶、木聚糖酶、果胶酶等以及葡萄糖氧化酶，后者的目的是尽快消耗青贮容器内的氧气，形成厌氧环境。国外一些公司已经在我国注册和销售这些产品，我国也已经有此类产品的研究。由于不同饲料化学组成不同，酶的作用方式也会产生差异，因而应该针对不同原料，使用专用性的产品。

②发酵抑制剂。这是使用最早的一类青贮饲料添加剂，早在 1885 年即已开始使用。最初使用无机酸(如硫酸、盐酸等)，后来使用有机酸(如甲酸，丙酸等)和甲醛。加酸后，青贮料马上下沉，易于压实；作物的呼吸作用停止，减少了发热和营养损失；pH 下降，杂菌繁殖受到抑制。但是，加酸会增加饲料渗液，也增加了牲畜酸中毒的可能性，而且酸对人和机械都有腐蚀性，应当采取相应

的补救和防护措施。例如,减少青贮作物的含水量可以防止渗液,添加一些碳酸钙或小苏打可以缓和酸性。各种酸的适宜加入量推荐如下:硫酸、盐酸可先用5倍水稀释,每100 kg青贮加入5～8L稀释后的硫酸或盐酸;每吨青贮料加甲酸约3 kg;乙酸可加入青贮重量的0.5%～2%。

甲醛(福尔马林)是研究的最多的青贮抑制剂之一,不仅有较好的抑菌防腐作用,还可保护饲料蛋白质在反刍动物瘤胃内免受降解,增加家畜对蛋白质的吸收率,曾被认为是一种有效的青贮饲料添加剂,其推荐用量为0.3%～1.5%。但是,由于甲醛具有潜在的致癌作用,从动物和人类安全考虑,现在一般不提倡使用。

③防腐剂。防腐剂不能改善发酵过程,但能有效地防止饲料变质。常用的有丙酸、山梨酸、氨、硝酸钠、甲酸钠等。丙酸广泛用于贮藏谷物防腐中的微生物抑制剂,因此作为青贮饲料防腐剂效果也较好。使用方法可按每平方米青贮料加1 L,喷洒在青贮表面。但是,丙酸不能抑制所有与青贮腐败有关的微生物,而且成本也比较高。据报道,有些植物组织(如落叶松针叶)含有植物杀菌素,有较好的防腐效果,又没有毒性。这类防腐剂可因地制宜开发使用。

④营养性添加剂。这类添加剂主要用来补充青贮饲料某些营养成分的不足,有些同时又能改善发酵过程。常用的这类添加剂包括尿素、盐类、碳水化合物等。尿素在瘤胃内分解出氨,再由瘤胃中的细菌合成蛋白质。据资料介绍,美国每年用作饲料的尿素超过100万t,相当于600万t豆饼所提供的氮素,这样大量饼类蛋白就可省下来用于饲喂单胃牲畜。尿素的添加量为青贮饲料的0.5%。

青贮饲料中加石灰石不但可以补充钙,而且可以缓和饲料的酸度。每吨青贮饲料中碳酸钙的加入量为4.5～5 kg。丁酸菌对高渗透压非常敏感,而乳酸菌却较迟钝,添加食盐可提高渗透压,增加乳酸含量,减少乙酸和丁酸含量,从而改善青贮饲料质量。添加食盐还能改善饲料的适口性，增加饲料采食量。

可用作青贮饲料添加剂的其他无机盐类以及在青贮饲料中的添加量为：硫酸铜 2.5 g/t、硫酸锰 5 g/t、硫酸锌 2 g/t、氯化钴 1 g/t、碘化钾 0.1 g/t。

⑤吸附剂。高水分原料青贮，或者使用酸添加剂时，青贮饲料流出物很多，不仅损失营养成分，而且会引起环境污染问题。添加吸附剂可减少流出物。但是，吸附剂的效果取决于原料的物理特性、添加方法、青贮窖的结构以及排水性能等多种因素。常用的吸附材料包括甜菜渣、秸秆、麸皮以及谷物等。

甜菜渣具有良好的水吸附能力，可以片状或颗粒状添加，一般在青贮原料装窖分层添加。添加后不仅可以减少青贮流出物量，还可以增加青贮饲料采食量，改善动物生产性能。秸秆也具有良好的吸水性，添加于青贮饲料，具有减少干物质损失，改善发酵品质，提高营养价值(采食量)等作用，并能提高秸秆本身的利用率，方法一般是分层添加。由于稻草糖分含量很低，发酵性较差，添加量不宜过高。据试验，秸秆添加比例以不超过原料的10％为宜。

23.如何制作氨化饲料？

秸秆的氨化处理是指利用尿素、液氨、碳铵和氨水等，在密闭的条件下对秸秆进行氨化处理。其优点是操作简便、成本低，可提供一定的氮素营养，能明显提高秸秆的消化率和粗蛋白质水平，改善适口性，提高采食量，对环境基本无污染，氨化秸秆在世界范围内被广泛应用。根据采用的氮源不同而常分为以下 3 种方法：

(1)尿素氨化法

按秸秆量的 3％加入尿素，即将 3 kg 尿素溶解于 50 kg 水中，逐层均匀地喷洒在 100 kg 秸秆上，用塑料薄膜压紧。由于秸秆中含有脲酶，在该酶的作用下，尿素分解放出氨，从而达到氨化目的。在尿素短缺的地方，用碳铵也可进行秸秆氨化处理，其方法与尿素氨化法相同，只是由于碳氨含氨量较低，其用量需酌情增加。

(2)液氨氨化法

将切碎的秸秆喷入适量水分,使其含水量达到15%~20%,混匀堆垛,上盖塑料薄膜,底边四周用泥土密封,在垛长轴的中心埋入一根带孔的硬塑料管,与液氨罐相连,按秸秆干物质重量的3%通进液氨,氨气很快遍及全垛(图2-8)。

图 2-8 氨水

氨化处理时间取决于气温,气温低于5℃时需8周以上;5~15℃需4~8周;15~30℃需1~4周。启封后通风12~24 h待氨味消失,即可饲喂。

(3)氨水氨化法

可用含氨量15%的农用氨水,按秸秆重10%的比例,把氨水逐层均匀喷洒于秸秆上。喷洒完氨水后,用塑料薄膜将垛封严。该方法在气温不低于20℃时,5~7 d氨化完成,启封后12~24 h待氨味消失即可饲喂,也可按上述液氨的"堆垛法"处理(图2-9)。研究结果表明,液氨氨化法和尿素氨化法处理秸秆效果最好,氨水和碳铵效果稍差。用液氨氨化效果虽然好,但必须使用特殊的高压容器(氨瓶、氨罐、氨槽车等),从而增加了成本,也增加了操作的危险性。相比之下,尿素氨化不仅效果好,操作简单、安全,也无须任何特殊设备,无疑是一种秸秆氨化处理的好方法。

图 2-9 堆垛氨化

24.青干草的加工调制方法？

我国的牧草资源在生产上存在着季节的不平衡性，贮备干草为家畜提供均衡牧草，对于减少冬春家畜死亡、发展草原区畜牧业具有重要意义。优质青干草饲用价值高，营养丰富，利用它可以节约大量的蛋白质饲料，降低饲养成本，提高经济效益。另外，调制干草，方法简便，原料丰富，成本低，便于长期大量贮藏。

(1)青干草制作方法

青干草的几种实用方法主要有地面干燥法、草架干燥法、发酵干燥法及人工干燥法等几种。

①地面干燥法。采用地面干燥法干燥牧草的具体过程和时间，随地区气候的不同而有所不同。牧草含水降至38%时，植酸酶和微生物酶对养分的分解才能减慢。所以牧草收割后，应薄层平铺暴晒6～7 h，使其凋萎(含水40%～50%)后，用搂草机搂成松散草垄，继续干燥4～5 h；使含水降至35%～40%（叶子开始脱落前)时用集草器集成小草堆，继续干燥1.5～2 d即可制成青干草(含水15%～17%)进行贮存。晒制干草，必须注意天气预报，

如遇天气变化，应将草拢成小草垛，待天晴时再摊晒；如遇大雨应拢成大垛，并理顺顶部草，使其成帽状，以防雨淋。此法营养损失大，可高达 40%。所以在多雨季节及地区，比如贵州，不提倡采用地面干燥法。

②草架干燥法。在潮湿地区由于牧草收割时多雨，地面经常是潮湿的，因此在生产上多采用草架干燥法来晒制干草。首先把割下来的牧草在地面上干燥 0.5 d 或 1 d，使其含水量降至 45%～50%，无论天气好坏都要及时用草叉将草自上而下上架。最底层应高出地面，不与地面接触，这样既有利于通风，也避免与地面接触吸潮。在堆放完毕后应将草架两侧牧草整理平顺，这样遇雨时，雨水可沿其侧面流至地表，减少雨水浸入草内。这种方法可以大大地提高牧草的干燥速度，保证干草品质，减少各种营养物质的损失。

③人工干燥法。在自然条件下晒制干草，营养物质的损失相当大，干物质的损失约占鲜草的 20%，蛋白质损失约占 30%。采用人工快速干燥法，则营养物质的损失可降低到最低限度，只占鲜草总量的 5%～10%。人工干燥的形式可以归纳成以下三类：

a. 常温鼓风干燥。牧草的干燥可以在室外露天堆贮场，也可以在草棚中进行干燥，经堆垛后，在草堆中设置栅栏通风道，用鼓风机强行吹入空气。如果刈割后的牧草在田间预干到含水量在 65%左右时，置于设有通风道的草棚下，进行干燥，可节省能源开支。这种方法在干草收获时期，白天、早晨和晚间的相对湿度低于 75%，温度高于 15℃时使用。

b. 低温烘干法。利用加热的空气将青草水分烘干，干燥温度在 50～70℃，需 5～6 h，在 20～150℃，5～30 min 即可干燥。

c. 高温快速干燥法。它的工艺过程是将切碎的青草(长约 25 mm)快速通过高温干燥机，再由粉碎机粉碎成粒状或直接压制成草块。这种方法主要用来生产干草粉或经轧粒机压制成干草饼。

(2)青干草的堆垛与贮藏

青干草调制成后,必须及时堆垛和贮藏,以免散乱损失。一般地,堆垛贮藏的青干草水分含量不应超过18%,否则容易发霉、腐烂。另外,草垛应坚实、均匀,尽量缩小受雨面积。垛顶不应有凹陷和裂缝。草垛顶脊必须用草绳或泥土封压坚固,以防大风吹刮。在青干草的贮藏过程中要注意做好四防(防畜、防火、防雨、防雪水)工作。对草垛要定期检查和做好维护工作,如发现垛形不正或漏缝,应当及时修整。及时采取散热措施,防止草垛自燃。要使用防腐剂,以防止青干草在堆贮过程发霉变质。

(3)青干草的利用

青干草同青贮料一样,在贮存一段时间后,饲喂前,也应检查其质量一色、香、味和质地。优质青干草颜色鲜绿、香味浓郁、适口性好、叶量多、叶片及花序损失不到5%。饲喂时,也要分段、分层取喂,避免养分流失、质量下降或发霉变质;饲喂牛,要有一个适应过程,防止暴食和食欲突然下降。

(二)肉牛青绿饲料及加工调制技术

25.肉牛常用青绿饲料有哪些?

青绿饲料是指天然水分含量高于60%,富含叶绿素,处于青绿状态的饲料。我国青绿饲料资源丰富,种类繁多,主要有天然牧草、栽培牧草、青饲作物、叶菜类饲料、树枝树叶及水生植物等。青绿饲料营养丰富,是肉牛的主要饲料之一。

(1)天然牧草

我国天然草地上的牧草种类繁多,主要有禾本科、豆科、菊科和莎草科四大类,干物质中无氮浸出物含量为40%~50%;粗蛋白质含量有差异,豆科牧草较高,为15%~20%,莎草科为13%~20%,菊科与禾本科为10%~15%;粗纤维含量以禾本科牧草较高，约为30%；粗脂肪含量为2%～4%；矿物质中钙磷比例恰当。

(2)栽培牧草和青饲作物

栽培牧草是指人工播种栽培的各种牧草，其种类很多，但以产量高、营养好的豆科和禾本科占主要地位。栽培青饲作物主要有青刈玉米、青刈大麦、青刈燕麦、饲用甘蓝、甜菜等。栽培牧草是解决青饲料来源的重要途径，可常年为家畜提供丰富而均衡的青饲料。

①豆科牧草。

a. 紫花苜蓿。又名苜蓿，是世界上分布最广的豆科牧草，也是我国最古老、最重要的栽培牧草之一，总面积达3 000万hm^2，堪称“牧草之王”。紫花苜蓿产量高、品质好，是最经济的栽培牧草。苜蓿茎叶柔软，适口性强，适宜收割期为初花期至盛花期，花期7～10 d，粗蛋白质含量为18%～20%，粗脂肪3.1%～3.6%，无氮浸出物为41.3%，蛋白质中氨基酸种类齐全，赖氨酸高达1.34%。另外，紫花苜蓿还富含多种维生素和微量元素。收割过晚则营养成分下降，草质粗硬。但紫花苜蓿鲜嫩茎叶中含有大量的皂角素，有抑制酶的作用，反刍动物大量采食后，可引起瘤胃膨胀病，所以应限饲鲜苜蓿。

b. 三叶草。三叶草属共有300多种，目前栽培较多的有红三叶和白三叶。新鲜的红三叶含干物质13.9%，粗蛋白质2.2%，产奶净能0.88 MJ/kg。以干物质计，其所含的可消化粗蛋白质低于苜蓿，但其所含的净能值则略高于苜蓿，且发生臌胀病的机会也较少。白三叶是多年生牧草，再生性好，耐践踏，最适于放牧利用。其适口性好，营养价值高，鲜草中粗蛋白质含量较红三叶高，而粗纤维含量低。

c. 红豆草。红豆草被称为“牧草皇后”，是豆科红豆草属的一种多年生草本植物，抗寒抗旱能力强，产量高，种子成熟早，营养成分齐全均衡，牲畜喜食，一次种植可利用4～6年，根瘤可以固氮提高土壤肥力，有效阻碍水土流失，具有花工少、投入低、见效快等特点，国内市场前景十分广阔。初花期至盛花期干草的水分、粗蛋白质、粗脂肪、粗纤维、粗灰分、无氮浸出物、钙和磷含量分别为12%～13%、16.25%～15.35%、2.02%～1.98%、30.5%～32.1%、8.93%～9.28%、41.25%～42.97%、2.21%～2.08%和0.28%～0.24%，还含有较多的维生素和矿物质。红豆草茎秆中空柔嫩，叶量丰富，是家畜喜食的优质饲草。生育阶段均含有较多的单宁，可沉淀在瘤胃中形成大量泡沫性的可溶性蛋白质。

d.草木樨。草木樨属植物有20种左右，我国北方以栽培白花草木樨为主。它既是一种优质的豆科牧草，草木樨具有较高的营养价值，与苜蓿相似。新鲜的草木樨含干物质约16.4%，粗蛋白质3.8%，粗纤维4.2%，钙0.22%，磷0.06%，消化能1.42 MJ/kg。但草木樨有不良气味，适口性较差。且草木樨含有香豆素，在细菌作用下，可转化为双香豆素，与维生素K相似，具有拮抗作用。

e.苕子。苕子是一年生或越年生豆科植物，在我国栽培的主要有普通苕子和毛苕子。普通苕子又称春苕子、普通野豌豆等，其营养价值较高，茎枝柔嫩，生长茂盛，适口性好。毛苕子又名冬苕子、毛野豌豆等，是水田或棉田的重要绿肥作物，生长快，茎叶柔嫩，粗蛋白质高达30%，矿物质含量都很丰富，营养价值较高，适口性较好。但因含有生物碱和氰苷，氰苷经水解酶分解后会释放出氢氰酸，饲用前须浸泡、淘洗、磨碎、蒸煮，同时避免大量长期使用，以免中毒。

f.沙打旺。又名直立黄芪、苦草，在我国北方各省均有分布。沙打旺适应性强，产量高，是饲料、绿肥、固沙保土等方面的优质牧草。沙打旺的茎叶鲜嫩，营养丰富，鲜样中含干物质33.29%，粗蛋白质4.85%，粗脂肪1.89%，粗纤维9.00%，无氮浸出物15.20%，灰分2.35%。

②禾本科牧草与青饲作物。

a.黑麦草。本属有20多种，其中最有饲用价值的是多年生黑麦草和一年生黑麦草。其生长快，分蘖多，多次收割，产量高，茎叶柔嫩光滑，适口性好，以开花前期的营养价值最高。新鲜黑麦草干物质含量为17%，粗蛋白质2.0%，产奶净能1.26 MJ/kg。

b.无芒雀麦。又名雀麦、无芒草。其适应性广，适口性好，茎少叶多，营养价值高，干物质中粗蛋白质含量不亚于豆科牧草。无芒雀麦有地下茎，能形成絮结草皮，耐践踏，再生力强，宜放牧。

c.羊草。又名碱草，为多年生禾本科牧草。羊草叶量丰富，适口性好。鲜草中干物质含量28.64%，粗蛋白质3.49%，粗脂肪0.82%，粗纤维8.23%，无氮浸出物14.66%，灰分1.44%。

d.青饲作物。常见的有青刈玉米、青刈燕麦、青刈大麦、大豆苗、豌豆苗、蚕豆苗等。青刈幼嫩的高粱和苏丹草中含有氰苷配糖体，家畜采食后会在体内转变为氢氰酸而中毒。为防止中毒，宜在抽穗期刈割。

③叶菜类饲料。

a.苦荬菜。又名苦麻菜或山莴苣等。产量高，生长快，再生力强，南方一年可刈割5～8次，北方3～5次。鲜嫩可口，粗蛋白质含量较高，粗纤维含量较少，营养价值高。

b.聚合草。又名饲用紫草，产量高，营养丰富，利用期长，适应性广，全国各地均可栽培。聚合草有粗硬刚毛，适口性较差。饲喂时可粉碎或打浆，或与粉状精料拌和。

c.串叶松香草。串叶松香草为菊科多年生宿根草本植物。因其茎上对生叶片的基部相连呈杯状，茎从两叶中间贯穿而出，故名串叶松香草。植株形略似菊芋。株高1.5～2 m，叶片大，长椭圆形，叶缘有疏锯齿，叶面有刚毛，基叶有叶柄，茎方、四棱茎，叶对生，无柄，茎叶基部叶片相连。串叶松香草鲜草产量和粗蛋白质含量高，含水量为85.85%，营养成分（占干物质%）：粗蛋白质26.78%，粗脂肪3.51%，粗纤维26.27%，粗灰分12.87%，无氮浸出物30.57%。

d.鲁梅克斯。又称高秆菠菜杂夹山模，为蓼科酸模属多年生草本植物，是杂交育成的新品种，是一种高产、高品质的优良牧草。据测定，鲜草含粗蛋白 30％～34％，可消化粗蛋白质达 78％～90％。此外，还含有 18 种氨基酸、丰富的 β-胡萝卜素和多种维生素及锌、铁、钾、钙等元素。

e. 菜叶、蔓秧和蔬菜类。菜叶是指人类不食用而废弃的瓜果、豆类的叶子，种类多，来源广，数量大，尤其是豆类的叶子营养价值高，蛋白质含量也较多。蔬菜类指白菜、甘蓝和菠菜等食用蔬菜，也可用于饲料。野菜一般生长在山林、野地、渠旁、田边、房前屋后等地方，种类特别繁多，营养价值较高，蛋白质含量较多，粗纤维含量较低，钙磷比例适当，均具有青饲料营养相对平衡的特色，但采集是要注意鉴别毒草及是否喷洒过农药，以防中毒。

④非淀粉质块根块茎瓜果类。

a. 胡萝卜。胡萝卜产量高、易栽培、耐贮藏、营养丰富，是家畜冬、春季重要的多汁饲料。胡萝卜的营养价值很高，大部分营养物质是无氮浸出物，含有蔗糖和果糖，故具甜味。胡萝卜素尤其丰富，为一般牧草饲料所不及。胡萝卜还含有大量的钾盐、磷盐和铁盐等。一般来说，颜色愈深，胡萝卜素或铁盐含量愈高，红色的比黄色的高，黄色的又比白色的高。

在青绿饲料缺乏季节，向干草或秸秆比重较大的饲粮中添加一些胡萝卜，可改善饲粮口味，调节消化机能。对于种畜，饲喂胡萝卜供给丰富的胡萝卜素，对于公畜精子的正常生成及母畜的正常发情、排卵、受孕与怀胎，都有良好作用。

b. 饲用甜菜。甜菜作物，按其块根中的干物质与糖分含量多少，可大致分为糖甜菜、半糖甜菜和饲用甜菜 3 种。各类甜菜的无氮浸出物主要是糖分(蔗糖)，但也含有少量淀粉与果胶物质。由于糖用与半糖用甜菜中含有大量蔗糖，故其块根一般不用作饲料而是先用以制糖，然后以其副产品甜菜渣作为饲料。

c. 芜菁甘蓝。芜菁甘蓝也称灰萝卜，在我国已有近百年栽培历史。这种块根饲料水分含量很高(约 90％)。干物质中无氮浸出物含量相当高，大约为70%，因而能量较高，每千克消化能可达14.02 MJ左右，鲜样由于水分含量高只有1.34 MJ/kg。

d.南瓜。又名窝瓜，既是蔬菜，又是优质高产的饲料作物。南瓜营养丰富，耐贮藏，运输方便，南瓜中无氮浸出物含量高，且其中多为淀粉和糖类。南瓜含多量淀粉，且含果糖和葡萄糖较多。南瓜中还含有很多的胡萝卜素和核黄素。

⑤水生饲料。水生饲料一般指“三水一萍”，即水浮莲、水葫芦、水花生和绿萍。这类饲料具有生长快、产量高、不占耕地和利用时间长等优点。此类饲料水分含量特高，可达90%～95%。因此，干物质含量很低，营养价值也较低，饲喂时宜与其他饲料搭配使用。在南方水资源丰富地区，因地制宜发展水生饲料，并加以利用，是扩大青绿饲料来源的一个重要途径。水生饲料最大的缺点是容易传染寄生虫，如猪蛔虫、姜片虫、肝片吸虫等。因此，水生饲料以熟喂为好，或者把它先制成青贮饲料后再饲喂，也可制成干草粉。

26.青饲料的加工方法有哪些？

青饲料常用的加工方法有切碎、打浆、闷泡和浸泡、发酵等，还可用于调制干草和青贮饲料。

(1)切碎

青饲料经切碎后便于采食、咀嚼，减少浪费，有利于和其他饲料均匀混合。切碎的长度可依家畜种类、饲料类别及老嫩状况而异。

(2)打浆

青饲料经打浆后更加细腻，并能消除某些饲料的茎叶表面毛刺而利于采食，提高利用价值。打浆前应将饲料清洗干净，除去异物，有的还须先切短，打浆时应注意控制用水，以免含水过多。

(3)闷泡和浸泡

对带有苦涩、辛辣或其他异味的青饲料，可用冷水浸泡和热水闷泡 4～6 h 后，沥除泡水，再混合其他饲料喂猪，这样可改善适口性，软化纤维素和半纤维素，提高利用价值。但泡的时间不宜过长，以免腐败或变酸。

(4)发酵

使有益微生物(如酵母、乳酸菌等)在适宜的温度下进行发酵，从而软化或破坏细胞壁，产生菌体蛋白质和其他酵解产物，把青饲料变成一种具有酸、甜、软、熟、香的饲料。经发酵可改善饲料质地或不良气味，并可避免亚硝酸盐及氰氢酸中毒。

27.饲喂青绿饲料应注意的问题有哪些?

(1)防止饲料中毒

①防止亚硝酸盐中毒。在蔬菜、饲用甜菜、萝卜叶、芥菜叶、油菜叶等青绿饲料中均含有硝酸盐，硝酸盐本身无毒或毒性很低，但在细菌的作用下，硝酸盐可还原为亚硝酸盐。青绿饲料长时间堆放，腐败发霉，或加热后闷在锅、缸里过夜，都能促使细菌将硝酸盐还原成亚硝酸盐。动物采食含有亚硝酸盐的青绿饲料就可引起中毒。因此，青绿饲料不能堆放时间过长、过夜，要随喂随取，防止亚硝酸盐中毒。

中毒症状：亚硝酸盐中毒发病很快，多在 1 h 内死亡，严重者可在 0.5 h 内死亡。发病症状表现为动物骚动不安，腹痛，口吐白沫，流涎，呼吸困难，心跳加快，全身震颤，行走摇晃，体温无变化或偏低，血液呈酱油色。

治疗：可用注射特效药 1%美蓝溶液解毒，用量一般为每千克体重 0.1～0.2 mL。

②防止氰化物和氢氰酸中毒。氰化物是剧毒物质，即使在饲料中含量很低也会引起中毒。在高粱苗、玉米苗、马铃薯幼芽、南瓜蔓、三叶草等青绿饲料中含有氰甙配糖体。这些饲料如果堆放发霉或霜冻枯萎，在植物体内酶的作用下，氰甙配糖体被水解生成氢氰酸，家畜采食这样的饲料，就会引起中毒。

中毒症状:氢氰酸中毒的症状为腹痛腹胀,呼吸困难而且加快,呼出气体有苦杏仁味,行走站立不稳,可视黏膜由红色变为白色或带紫色,肌肉痉挛,牙关紧闭,瞳孔放大,最后卧地不起,四肢划动,呼吸麻痹而死。

治疗:可注射1%亚硝酸钠,用量为每千克体重1 mL,也可用1%～2%美蓝溶液,每千克体重1 mL进行解毒。

③防止草木樨中毒。草木樨体内含有香豆素,当草木樨发霉腐败时,香豆素可转变为双香豆素,抑制家畜肝中凝血原的合成,破坏维生素K,延长凝血时间。因此,霉变的草木樨不能饲用。

中毒症状:双香豆素中毒主要发生于牛,其他动物很少发生。中毒发生缓慢,通常饲喂草木樨2～3周后发病。牛中毒后食欲变化不大,主要表现为机体衰弱,步态不稳,运动困难,有时发生跛行,体温低,发抖,瞳孔放大。该病病症是凝血时间变慢,在颈部、背部,有时在后躯皮下形成血肿,鼻孔可流出血样泡沫,奶里也可出现血液。

治疗:可用维生素K治疗。注意饲喂草木樨时应逐渐增加喂量,不能突然大量饲喂,不要投喂发霉变质的草木樨。

(2)防止农药中毒

农药指用于消灭、控制危害农作物的害虫、病菌、鼠类,杂草及其他有害动植物和调节植物生长的药物。按其用途可分为杀虫剂、杀螨剂、杀线虫剂、杀软体动物剂、杀鼠剂,除草剂、脱叶剂和植物生长调节剂等。我国目前杀虫剂用量居前四位的为有机磷,有机氯、杀虫脒及氨基甲酸酯类。

菜园等农田喷洒农药后,应注意农药对蔬菜及其周围饲草、杂草的污染,对于刚施用过农药田地上的青绿饲料,不用做饲料。为防止引起农药中毒,一般经15 d后才能收割利用。另外注意农村田间地埂上放牧羊只误食鼠药。

(3)防止有毒植物中毒

一些植物含有毒物质,如夹竹桃、含羞草、嫩栎树等,不能饲喂动物。

(4)调节青绿饲料的营养平衡

一般青绿饲料营养较为平衡,但有些则缺乏某些营养成分,所以,应通过合理的日粮配制来补充这些欠缺的成分,以提高饲料的利用率。例如,幼嫩黑麦草等干物质中粗蛋白质的含量较高,完全能满足繁殖母猪的需要,但是能值不高。如果猪的日粮中幼嫩牧草比例高时,能量采食量不足就会影响猪的生产性能。因此,利用这种青绿饲料时,就要调节蛋白质与能量的平衡,合理配制日粮。

(三)肉牛精饲料及加工调制技术

28.肉牛常用精饲料有哪些?

精饲料由能量饲料、蛋白质饲料、矿物质饲料及添加剂组成,这是为牛、羊配制生产的,不单独构成饲粮,主要用以补充采食饲草不足的那一部分营养。亦即牛、羊在采食青粗饲料及青贮饲料外,给予适量的精料补充料,以满足其各种营养需要。当饲草发生变化时,可根据动物生产反应及时调整精料补充料喂量。

(1)能量饲料

这类饲料主要包括谷实类和糠麸类,另外还有部分淀粉质块根块茎类和液体能量饲料。能量饲料在精料补充料中占60%～70%。

①谷实类。谷实类饲料主要有玉米、高粱、大麦、燕麦、荞麦、小麦等,这类饲料无氮浸出物(主要淀粉)含量高;粗纤维含量低,有机物质的消化率高,去壳去皮的籽实消化率达75%～90%;蛋白质含量相对较低,且品质差;脂肪含量少,脂肪酸易酸败;钙磷比例不平衡,钙少磷多;含有丰富的维生素B_1和维生素E,而缺乏维生素D;适口性好,易消化。因此,牛、羊精料补充料中除谷类籽实

外，还应搭配其他饲料。

a. 玉米。玉米是谷实类饲料的主体，也是我国主要的能量饲料，被誉为“能量之王”。玉米的适口性好，没有使用限制。玉米是禾本科籽实中淀粉含量较高的饲料，70%为无氮浸出物，几乎全是淀粉。粗纤维含量极少，故易被消化。其有机物质消化率达90%。玉米的蛋白质含量较低，而且主要由生物学价值较低的玉米蛋白和谷蛋白构成。玉米的亚油酸含量达到2%，是谷实类饲料中含量最高者。黄玉米中所含叶黄素平均为22 mg/kg，这是黄玉米的特点之一，脂溶性维生素中维生素E较多，约为20 mg/kg，黄玉米中含有较多的胡萝卜素，维生素D和维生素K较少。水溶性维生素中含硫胺素较多，核黄素和烟酸的含量较少，且烟酸是以结合型存在。玉米适口性好，能量高，可大量用于牛的混合精料中，但最好与其他体积大的糠麸类饲料并用，以防积食和瘤胃膨胀。

b. 高粱。高粱无氮浸出物为68%，其中主要成分是淀粉；蛋白质含量稍高于玉米，但品质较差，粗纤维含量比玉米低，具有与玉米相似的缺陷。高粱种皮中含有较多的单宁，单宁是水溶性的多酚化合物，又称鞣酸或单宁酸。高粱籽实中的单宁为缩合单宁，一般含单宁1%以上的为高单宁高粱，低于0.4%的为低单宁高粱。

单宁含量与籽粒颜色有关，色深者单宁含量高。单宁的抗营养作用主要是苦涩味重，影响适口性；与蛋白质及消化酶类结合，干扰消化过程，影响蛋白质及其他养分的利用率。高粱单宁的某些毒性作用经过肠道吸收后出现，会降低反刍家畜的增重率、饲料转化率和代谢能值。

高粱的成分接近于玉米，用于反刍家畜有近似于玉米的营养价值。压片、水浸、蒸煮及膨化等均可改善反刍家畜对高粱的利用，可提高利用率10%～15%。

c. 大麦。大麦可按播种季节的不同分为冬大麦和春大麦，二者成分相近。根据品种分为皮大麦和裸大麦。大麦中蛋白质含量略高于玉米，品质也较玉米好，粗纤维含量为5.25%，但脂肪含量较低，所以总营养价值较玉米低。大麦含较多的粗纤维，质地疏松。大麦中有抗胰蛋白酶和抗胰凝乳酶，前者含量低，后者可被胃蛋白酶分解，故对动物影响不大。此外，大麦的麦角病，可产生多种有毒的生物碱，如麦角胺、麦角胱胺酸等，会阻止乳腺发育，造成产科疾病。大麦是肉牛的优良精饲料，反刍家畜对大麦中所含的β-1,3-葡聚糖有较高的利用率。大麦用于肉牛肥育与玉米价值相近，大麦粉碎太细易引起瘤胃膨胀。大麦进行压片、蒸汽处理可改善适口性及肥育效果，微波和碱处理可提高消化率。

d.燕麦。燕麦的品种很多，大体分为两类：皮燕麦和裸燕麦。皮燕麦即通常所说的燕麦，成熟时内外稃紧抱籽粒，不易分离。裸燕麦也称莜麦，成熟时籽粒与稃分离，籽粒以食用为主。根据栽培季节又分为春燕麦和冬燕麦。因品种不同其稃（壳）的比例也不同，一般稃约占28%，因而粗纤维高达10%～13%。燕麦淀粉含量为玉米含量的1/3～1/2。燕麦含脂肪比其他谷物高，而且多属于不饱和脂肪酸，主要分布在胚部。燕麦的蛋白质含量高于玉米，而且赖氨酸含量高达0.4%左右。富含B族维生素，脂溶性维生素和矿物质含量均较低。

燕麦是反刍家畜很好的饲料，适口性好，粉碎即可饲用。精料中使用50%，其效果约为玉米的85%。

e.荞麦。荞麦不仅籽实可以作为能量饲料，其枝叶也是优良的青饲料。荞麦的籽实也有一层粗糙的外壳，约占重量的30%。粗纤维含量高达12%左右。消化能的含量对牛为14.6 MJ/kg，猪为14.31 MJ/kg。荞麦的蛋白质品质较好，含赖氨酸0.73%、蛋氨酸0.25%。荞麦籽实含有一种物质——感光咔啉，当动物采食后白色皮肤部分受到日光照射时即发生过敏，并出现红斑点，严重时能影响生长及肥育效果。这种感光物质主要存在于外壳中。

f. 小麦。小麦是人类最重要的粮食作物之一，全世界有1/3以上的人口以它为主食。小麦的能值略低于玉米，比大麦和燕麦高，这是由于其粗脂肪含量低所致，不到玉米的一半。小麦的特点是粗蛋白质含量高，为玉米含量的150%，因而各种氨基酸的含量优于玉米，但苏氨酸含量按其占蛋白质的组成来说，明显不足。小麦含B族维生素和维生素E较多，但维生素A、维生素D、维生素C、维生素K含量很少。生物素的利用率比玉米、高粱要低。矿物质中钙少磷多，铜、锰、锌等含量较玉米为高。

小麦是反刍家畜的良好饲料，但整粒喂易引起消化不良，一般以粗碎为宜。压片、糊化处理可改善利用率。日粮中用量不宜超过50%，否则可能导致过酸症。

②糠麸类。糠麸类饲料是谷物的加工副产品，制米的副产品称为糠，制粉的副产品称作麸。糠麸类是畜禽的重要能量饲料原料，主要有米糠、小麦麸、大麦麸、燕麦麸、玉米皮、高粱糠及谷糠等，其中以小麦麸与米糠占主要位置。

a. 小麦麸。小麦麸俗称麸皮，是以小麦籽实为原料加工面粉后的副产品，由种皮、糊粉层和一部分胚及少量的胚乳组成。小麦麸来源广，数量大，是我国北方畜禽常用的饲料原料。由于面粉加工品种不同，麦麸的内在质量存在差异，粗蛋白质含量14%～15%，粗脂肪3.9%，粗纤维8.9%，矿物质与微量元素含量较高，其中锰与锌含量丰富，由于其质地蓬松柔软，适口性好，在畜禽配合饲料中占有重要地位。在农村大家都叫麦麸子，营养价值不如玉米面，但是在微量元素上远远高于玉米面，价格比玉米面将近便宜一半左右，是养牛场的必需品。小麦麸容积大，纤维含量高，适口性好，肉牛精料中可用到50%。

b. 米糠。稻谷的加工副产品称为稻糠，稻糠可分为砻糠、米糠和统糠。砻糠是粉碎的稻壳；米糠系精制糙米时由稻谷的皮糠层及部分胚芽构成的副产品，由种皮、糊粉层、胚及少量的胚乳组成；统糠是米糠与砻糠的混合物。

米糠的营养价值受大米精制加工程度的影响，精制程度越高，则米糠中混入的胚乳就越多，其营养价值也就越高。米糠含粗蛋白质 12.8%，粗脂肪 15%～17%，粗纤维 5.7%。脂肪中不饱和脂肪酸较多，易氧化变质，不宜久存，虽适口性较好，但喂后会出现软脂肪，影响牛肉的品质，在肉牛精料中可用至 20%。

c. 米糠饼。米糠经机榨或浸提法生产糠油后的副产品为米糠饼（粕），含脂量减少，其他成分与米糠相近，且易于保存和运输，不致因含脂量高在湿热季节引起霉坏变质而造成损失。

d. 玉米蛋白。通常简称玉米麸料，是由玉米湿法预处理的浸出液、取油后的玉米胚芽饼（粕）及玉米皮等组成的玉米深加工副产品。由于其组成比例的变化及工艺的不同，产品质量差。平均含粗蛋白质 19.3%，粗脂肪 7.5%，粗纤维 7.8%，是蛋白质含量较高的能量饲料。由于数量不多，在养牛生产上用得较少。

③淀粉质块根块茎类。淀粉质块根块茎类主要为薯类。这类饲料干物质中主要是无氮浸出物，而蛋白质、脂肪、粗纤维、粗灰分等较少或贫乏。

a. 甘薯。新鲜甘薯中水分达 75%左右，适口性好。脱水甘薯中无氮浸出物含量达 75%以上。蛋白质含量仅为 4.5%，且品质较差。中国农业行业标准《饲料用甘薯干》(NY/T 121—1989)以粗纤维、粗灰分为质量控制指标，以 87%干物质为基础计算，规定粗纤维含量不得高于 4%，粗灰分含量不得高于 5%。

甘薯无论生熟喂，都应将其切碎或切成小块，以免引起动物食道梗塞。甘薯在牛饲粮中可替代 50%的其他能量饲料。黑斑甘薯有毒，不能作为动物的饲料。

b. 马铃薯。马铃薯又名土豆、洋芋、洋山芋、山药蛋。马铃薯含干物质约 25%，其中 80%～85%为淀粉。粗蛋白质约占干物质的 9.0%，主要是球蛋白，生物学价值相当高。鲜马铃薯中维生素 C 含量丰富，但其他维生素缺乏。马铃薯对反刍动物可生喂，马铃薯中含有一种配糖体，称茄素（龙葵精）的有毒物质，它在马铃薯各部位含量差异较大。马铃薯耐贮藏，当贮藏温度较高时也会发芽而产生有毒的龙葵素，马铃薯表皮见到光而变成绿色以后，龙葵素含量剧增，大量采食可导致家畜消化道炎症和中毒，甚至死亡。因此，已发芽的马铃薯，喂前必须将芽除掉，加醋充分煮熟后才能饲喂。

c.木薯。脱水木薯中无氮浸出物含量达80%，因此其有效能值较高。粗蛋白质含量很低，以风干物质计，仅为2.5%。木薯中矿物质缺乏，维生素含量几乎为零。木薯中含有毒物质氢氰酸，脱皮、加热、水煮、干燥可除去或减少木薯中氢氰酸。去毒后的木薯粉可用于配合饲料生产，但用量不宜超过15%。

④液体能量饲料。

a.油脂。油脂是油与脂的总称，按照一般习惯，在室温下呈液态的称为“油”，呈固态的称为“脂”。随温度的变化，虽然两者的形态可以互变，但其本质不变，它们都是由脂肪酸与甘油所组成。油脂种类繁多，按照产品来源可分为植物油脂、动物油脂、饲料级水解油脂和粉末状油脂。动物性脂肪主要有牛、羊、猪、禽脂肪和鱼油，植物性油脂则包括豆油、椰子油、玉米油、花生油、葵花油、棕榈油等。我国至今未对饲料用油脂颁布国家标准，在生产中一般规定：饲料用油脂脂肪含量为91%～95%，游离脂肪酸10%以下，水分在1.5%以下，不溶性杂质在0.5%以下为合格的饲料油脂。饲料中添加油脂能够显著提高生产性能并降低饲养成本。添加植物油优于动物油，而椰子油、玉米油、大豆油为最佳添加油脂。加工生产预混料时，为避免产品吸湿结块，减少粉尘，常在原料中加一定量油脂。

b.糖蜜。糖蜜是制糖工业的副产品，是一种黏稠、黑褐色、呈半流动的物体，组成因制糖原料、加工条件的不同而有差异，其中主要含有大量可发酵糖（主要是蔗糖），因而是很好的发酵原料，可用作酵母、味精、有机酸等发酵制品的底物或基料，可用作某些食品的原料和动物饲料。

糖蜜产量较大的有甜菜糖蜜、甘蔗糖蜜、葡萄糖蜜、玉米糖蜜，产量较小的有转化糖蜜和精制糖蜜。糖蜜的主要作用是提高适口性，减少粉尘，作为黏合剂，还能提供能量等。糖蜜含有少量粗蛋白质，一般为3%～6%，多属于非蛋白氮类，如氨、酰胺及硝酸盐等，而氨基酸态氮仅占38%～50%，且非必需氨基酸如天门冬氨酸、谷氨酸含量较多，因此蛋白质生物学价值较低，但天门冬氨酸和谷氨酸均为呈味氨基酸，故用于动物饲料中可大大刺激动物食欲。糖蜜的主要成分为糖类，甘蔗糖蜜含蔗糖24%～36%，其他糖12%～24%；甜菜糖蜜所含糖类几乎全为蔗糖，约47%。此外还含有3%～4%的可溶性胶体，主要为木糖胶、阿拉伯糖胶和果胶等。糖蜜的矿物质含量较高，8%～10%，但钙、磷含量不高，甘蔗糖蜜又高于甜菜糖蜜。矿物元素中钾、氯、钠、镁含量高，因此糖蜜具有轻泻性。一般糖蜜维生素含量低，但甘蔗糖蜜中泛酸含量较高，达37 mg/kg，此外生物素含量也很可观。

(2)蛋白质饲料

肉牛蛋白质饲料可分为植物性蛋白质饲料、动物性蛋白质饲料、非蛋白氮饲料和单细胞蛋白质饲料。蛋白质饲料在生产中起到关键性作用，影响动物生长与增重，使用量比能量饲料少，一般占精料补充料的20%～30%。粗蛋白质含量高，品质也较好；脂肪含量略低于禾本科籽实，但大豆、花生的脂肪含量较高；钙、磷含量较禾本科籽实稍多，但钙磷比例不恰当，钙多磷少；胡萝卜素缺乏；无氮浸出物含量为30%～50%，纤维素易消化。

①植物性蛋白质饲料。主要有豆科籽实（大豆、蚕豆等）和饼（粕）类饲料，主要有豆饼（粕）、棉籽饼（粕）、菜籽饼（粕）、花生饼（粕）等。

a.大豆。大豆原产于我国东北，根据种皮颜色可分成黄、青、黑、褐等色，以黄种最多而得名黄豆，其次为黑豆。大豆籽实属于蛋白质含量和脂肪含量都高的蛋白质饲料，如黄豆和黑豆的粗蛋白质含量分别为37%和36.1%，粗脂肪含量分别为16.2% 和14.5%。大豆因含有丰富的具有完全价值的蛋白质，所以是牛生长发育的最好的蛋白质饲料。大豆蛋白质中含蛋氨酸、色氨酸、胱氨酸较少，最好与禾本科籽实混合喂。碳水化合物含量不高，矿物质中以钾、磷、钠居多，其中磷约有60%属植酸磷，钙的含量高于谷实类，但仍低于磷。在维生素方面与谷实类相似，但维生素 B_1 和维生素 B_2 的含量略高于谷实类。生大豆含有一些有害物质或抗营养因子，如胰蛋白酶抑制因子、血细胞凝集素(PHA)、致甲状腺肿物质、抗维生素、赖丙氨酸、皂甙、雌激素、胀气因子等，它们影响饲料的适口性、消化性及动物的一些生理过程。这些有害成分中除了后3种较为耐热外，其他均不耐热，经湿热加工可使其丧失活性。生大豆饲喂畜禽可导致腹泻和生产性能下降，所以大豆熟喂效果最好，能增加适口性和提高蛋白质的消化利用率。

b. 豌豆和蚕豆。豌豆的粗蛋白质含量较低，为22%～25%，粗脂肪含量较低，仅1.5%左右，淀粉含量高，无氮浸出物可达50%以上，能值虽比不上大豆，但也与大麦和稻谷相似。蚕豆又名胡豆、佛豆、川豆、罗汉豆等，可作为粮食、蔬菜和饲料，又可兼作农作物绿肥。蚕豆籽实中粗蛋白质含量为25%～28%，富含8种必需氨基酸，碳水化合物含量为47%～60%，也可制作酱油、粉丝、粉皮等。此外，豌豆籽实与蚕豆籽实中有害成分含量很低，可安全饲喂，无须加热处理。但是目前我国这两者的价格都贵，很少作为饲料。

c. 大豆饼(粕)。大豆饼(粕)是以大豆为原料取油后的副产物(图2-10，图2-11)。压榨提油后的块状副产物称为大豆饼，浸提出油后的碎片状副产物称为大豆粕。大豆饼(粕)是牛最常用的主要植物性蛋白质饲料。大豆饼(粕)含蛋白质较高，达40%～45%，必需氨基酸的组成比例也比较好。

大豆饼(粕)是所有饼类中最为优越的原料，且适口性好，饲喂

图 2-10　大豆饼

图 2-11　大豆粕

肉牛、奶牛都具有良好的生产效果。尤其赖氨酸含量是饼(粕)类饲料中最高者,高达 2.5%～3.0%,蛋氨酸含量较少,仅含 0.5%～0.7%。

豆类饲料中含有胰蛋白酶抑制因子,大豆饼(粕)生喂时适口性差,消化率低,饲后有腹泻现象,胰蛋白酶抑制因子在 110℃下加热 3 min 即可去除。

d. 棉籽饼(粕)。棉籽饼(粕)是棉籽经脱壳取油后的副产品,完全去壳的叫做棉籽饼(粕)(图 2-12)。棉籽饼(粕)蛋白质含量为 33%～40%,棉仁饼(粕)粗蛋白质可达 41%～44%,但蛋白质品质较差,赖氨酸达 2.5%～2.9%,蛋氨酸 0.38%,胱氨酸 0.75%,精氨酸含量较高。但氨基酸利用率低。粗纤维一般含量为 11%。虽然棉籽饼内含有毒物质棉酚,但由于在瘤胃内棉酚与可溶性蛋白质结合为稳定的复合物,因此 对反刍动物影响很小。肉牛精料中棉籽饼的比例可达到 20%～30%。在喂棉籽饼的饲料内加入微量硫酸亚铁,可以促进肉牛的生长。

图 2-12　棉籽饼(粕)

e. 菜籽饼(粕)。菜籽饼(粕)是菜籽榨(浸)油后的残渣。蛋白质含量为 33%～38%,赖氨酸达 1.0%～1.8%,蛋氨酸 0.5%～0.9%,氨基酸组成平衡。粗纤维含量为 12%～13%,无氮浸出物含量为 30%,有效能值较低。矿物质中钙磷含量均较高,但磷大部分为植酸磷,富含铁、锰、锌、硒,尤其是硒含量远高于豆饼。维生素中胆碱、叶酸、烟酸、核黄素、硫胺素均比豆饼高。

菜籽饼(粕)因含有硫葡萄糖苷、芥子碱、植酸、单宁等多种抗营养因子,饲喂价值明显低于大豆粕,并可引起甲状腺肿大,采食量下降,生产性能下降。近年来,国内外培育的“双低”(低芥酸和低硫葡萄糖苷)品种已在我国部分地区推广,并获得较好效果。

f. 花生饼(粕)。花生饼(粕)是花生榨(浸)油后的残渣。花生粕含粗蛋白质28%～47%、粗纤维4%～7%、粗脂肪0.5%～2.0%、钙0.2%～0.3%、磷0.45%～0.7%，还含有少量的植酸磷。花生粕的粗蛋白质含量接近大豆粕，但缺少赖氨酸、蛋氨酸、苏氨酸。另外，花生粕易感染霉菌，特别是黄曲霉菌。一是在使用花生粕时补充维生素B_{12}和钙。二是配合饲料中应尽量少用花生粕，最好控制在10%左右，超过20%便会引起牲畜腹泻。三是花生粕中含有胰蛋白酶抑制因子，加热120℃左右就会被破坏，若温度过高或过低都会影响蛋白质的利用率。

g.叶蛋白饲料。又称绿色蛋白浓缩物（简称LPC），是以新鲜牧草或青绿植物的茎叶为原料，经压榨后，从其汁液中提取出高质量的浓缩蛋白质饲料。一般粗蛋白质含量为40%～60%，高者可达70%左右。其氨基酸组成比较完善，如精氨酸、亮氨酸、异亮氨酸、赖氨酸、苯丙氨酸、色氨酸含量均大于或接近大豆饼（粕）。由于加工过程中部分氨基酸如蛋氨酸变成动物不易吸收的复合物，故蛋氨酸为叶蛋白饲料的第一限制性氨基酸。总之，叶蛋白的品质接近大豆饼（粕）和鱼粉而优于花生饼（粕）。也有研究表明，叶蛋白的生物学价值优于大豆蛋白。

叶蛋白饲料含有丰富的叶黄素、胡萝卜素、叶绿素及其他维生素等。如苜蓿叶蛋白饲料中含叶黄素1 100 mg/kg左右、胡萝卜素300 mg/kg以上，有的高达900 mg/kg，维生素E含量为600～700 mg/kg。叶黄素可增加蛋黄、皮肤及脂肪的色泽，提高商品价值。目前许多国家已限制或禁止在饲料中添加可能有致癌作用的合成色素，而叶蛋白饲料就成为极好的天然色素来源。

叶蛋白饲料不含或少含粗纤维，其有效能接近于鱼粉或大豆饼（粕），如代谢能水平为10.78～13.37 MJ/kg。此外，叶蛋白饲料中还含有促进畜禽生长发育的未知生长因子，而一些不良因子如植物雌激素、皂角甙等，在絮凝分离叶蛋白时，通过碱法处理或乳酸发酵处理等大部分被破坏。叶蛋白饲料取代哺乳犊牛的部分全乳代用品时，都能取得良好的饲养效果。

②动物性蛋白质饲料。动物性蛋白质饲料类主要是指水产、畜禽加工、缫丝及乳品业等加工副产品，如鱼粉、血粉、肉骨粉、肉粉、羽毛粉等都可作肉牛蛋白质饲料。

a. 鱼粉。鱼粉是鱼类加工食品剩余的下脚料或全鱼加工的产品(图 2-13)。一般国产鱼粉的粗蛋白质含量为 40%～60%，优质鱼粉的粗蛋白质可达 63%以上。氨基酸组成较为平衡。鱼粉中一般含有 6%～12%的脂类。钙、磷含量高，比例适宜。微量元素中碘、硒含量高。富含维生素 B_{12}、脂溶性维生素 A、维生素 D、维生素 E 和未知生长因子(UGF)。其营养成分因原料质量和加工工艺不同，变异较大。

图 2-13　鱼粉

不同种类的鱼粉色泽存在差异，正常鲱鱼粉呈淡黄或淡褐色；沙丁鱼粉呈红褐色；鳗鱼等白鱼粉呈淡黄色或灰白色；蒸煮不透、压榨不完全、含脂较高的鱼粉颜色较深；各种鱼粉均具鱼腥味。鱼粉中水分含量一般为 10%左右。进口鱼粉含盐约 2%，国产鱼粉盐分含量应小于 5%。全鱼粉粗灰分含量多在 16%～20%之间，超过 20%疑为非全鱼鱼粉。

使用时应注意鱼粉是否掺假，感官性状是否正常，脱脂效果以及蛋白质含量等。鱼粉带入配合饲料中的氯化钠应视为添加的食盐。加工、贮藏不当时，鱼粉中可产生肌胃糜烂素，并引起硫胺素缺乏等。

b. 血粉。各种家畜的血液消毒、干燥和粉碎或喷雾干燥而成。血粉干物质中粗蛋白质含量一般在80%以上，赖氨酸含量高达6%～9%，蛋氨酸、异亮氨酸缺乏，氨基酸组成非常不平衡。血粉含钙、磷少，含铁较多。饲料用血粉为干燥粉粒状物，具有本制品固有气味，无腐败变质气味，颜色为暗红色或褐色，能通过2～3 mm孔筛，不含砂石等杂质。

血粉适口性差，氨基酸组成不平衡，并具黏性，过量添加易引起腹泻，因此饲粮中血粉的添加量不宜过高。一般育成牛和成牛饲粮中用量应在6%～8%为宜。

c. 肉骨粉、肉粉。肉骨粉是以动物屠宰后不宜食用的下脚料以及各种废弃物或畜禽尸体经高温、高压脱脂干燥而成的产品。肉骨粉的粗蛋白质含量为20%～54%，粗灰分为26%～40%，钙为7%～10%、磷为3.8%～5.0%，是动物良好的钙磷来源。脂肪为8%～18%。肉骨粉正常情况下为粉状，肉骨粉内一般含有粗骨粒，金黄色至淡褐色或深褐色，含脂肪高时，颜色较深，加热处理时颜色也会加深，一般用猪肉骨制成者颜色较浅。肉骨粉具有新鲜的肉味，并具有烤肉香及牛油或猪油味。肉骨粉贮存不当时，脂肪易变质腐败，影响适口性和动物产品品质。肉骨粉一般用量低于7.5%～10%。肉粉是以纯肉屑或碎肉制成的饲料。肉粉正常情况下为粉状。肉粉的粗蛋白质含量为45%～60%，氨基酸组成较差。肉粉蛋氨酸和色氨酸含量较低于鱼粉，适口性也略差。B族维生素含量较多，而维生素A、维生素D和维生素B_{12}的含量都低于鱼粉。肉粉品质差异较大，易变质腐败，肉粉在饲粮中用量一般低于7.5%～10%。此外像动物屠宰后的毛、蹄爪、皮和角等一类的角蛋白，经适当加工处理，也可用作蛋白质补充料。

③单细胞蛋白质饲料。单细胞蛋白质(SCP)是单细胞或具有简单构造的多细胞生物的菌体蛋白的统称。单细胞蛋白饲料含粗

蛋白质达30%～70%，是利用工业废水、废气、天然气、石油烷烃类、农副加工产品以及有机垃圾等作为培养基，培养酵母、细菌等单细胞生物，然后经过净化干燥处理后制成。包括各种酵母、细菌、真菌和一些单细胞藻类。饲料酵母按培养基不同常分为石油酵母、工业废液(渣)酵母(包括啤酒酵母、酒精废液酵母、味精废液酵母、纸浆废液酵母)。单细胞藻类目前主要饲用的有绿藻和蓝藻两种。其特点是产量高，生产周期快，粗蛋白质在体内消化率高。单细胞蛋白饲料的缺点是，含有有毒物质(如石油酵母中含3,4-苯并芘)，适口性差(如酵母有苦味)，牛不喜欢采食。研究表明，单细胞蛋白饲料用量只要不超过日粮的10%，不影响肉牛采食。

④非蛋白氮饲料。凡含氮的非蛋白可饲物质均可称为非蛋白氮饲料(NPN)。NPN包括饲料级的尿素、双缩脲、氨、铵盐及其他合成的简单含氮化合物。目前人们已对20多种NPN应用于反刍动物的饲用价值进行了试验，效果比较好的是尿素和双缩脲。双缩脲是尿素加热形成的缩合产物，比尿素较难溶解于水，在瘤胃中分解氨的速度比尿素慢，效果明显，但价格偏高。另外，对秸秆进行氨化处理，制作尿素青贮饲料，也是解决肉牛蛋白质饲料不足的有效途径。在人多地少的我国和其他发展中国家，开发应用NPN以节约常规蛋白质饲料具有重要意义。

使用蛋白质饲料或NPN时，补充一定量的高淀粉精料，能提高微生物利用氮的能力，当日粮碳水化合物与粗蛋白质比例保持3∶1时，能满足微生物最大生长，从而使菌体蛋白合成量增加。添加缓冲剂如碳酸氢钠、碳酸氢钾、碳酸氢钠—氧化镁复合物等，使瘤胃保持弱碱性环境，有利于菌体蛋白的合成。

29.怎样处理精料原料饲喂肉牛效果好？

精饲料的营养价值和消化率一般都比较高，但种皮、硬壳及内部淀粉粒的结构均影响营养成分的消化吸收和利用。所以，这类饲料在饲喂前必须经过加工调制，以便能够充分发挥其作用。

(1)粉碎或压扁

质地坚硬或有秕壳的饲料，喂前需要铡短或粉碎，否则难以消化而由粪中排出，造成浪费。牛喂整粒玉米，也会出现这种现象。但不能过短，以6～10 mm为宜。因为粉得过细，呈面粉状，容易在瘤胃内沉积。不但影响反刍和饲料的消化，还容易引起牛瘤胃积食等病患。

对牛来讲精饲料也不必磨得太细，以碎到直径1～2 mm为宜。由于压扁处理使饲料中的淀粉经加热糊化，豆类籽实中抗营养因子也受到破坏。因此，用于喂牛的消化率和效果明显提高。

(2)湿润及浸泡

湿润一般用于粉尘多的饲料，而浸泡多用于硬实的籽实或油饼，使之软化或用于溶去有毒物质。对磨碎或粉碎的精料，喂牛前，应尽可能湿润一下，以防饲料中粉尘多而影响牛的采食和消化，对预防粉尘呛入气管而造成的呼吸道疾病也有好处。坚硬的饲料，经过浸泡后变得膨胀柔软，便于咀嚼和消化，但是浸泡的时间应掌握好，浸泡时间过长，会造成营养成分的损失，适口性也随之降低，有的饲料甚至还会因为浸泡过久而变质。

(3)颗粒化

将饲料粉碎后，根据家畜的营养需要，按一定的饲料配合比例搭配，并充分混合，用饲料压粒机加工成一定的颗粒形状。颗粒饲料属全价配合饲料的一种，可以直接用来喂牛。颗粒饲料一般为圆柱形，喂牛时以直径4～5 mm、长10～15 mm为宜。颗粒饲料适口性好，饲喂方便，有利于消化，可以增加牛的采食量，且营养齐全，能充分利用饲料资源，减少饲料损失，当今养牛生产中应用较多。

(4)膨化及糊化

对精饲料，尤其是豆科籽实，膨化后可提高其消化率；由于牛羊唾液中不含有淀粉酶，牛羊对禾本科籽实消化不高，尤其是犊牛，因此得对精饲料进行糊化，改变其性状，以提高其利用率。

(5)焙炒

可使饲料中的淀粉部分转化为糊精而产生香味，将其磨碎后撒在拌湿的青饲料上，能提高粗饲料的适口性，增进牛、羊的食欲。

(6)糖化

糖化饲料就是利用谷物籽实中的淀粉酶，把其中的一部分淀粉转化为麦芽糖，以提高适口性。在磨碎的谷类籽实中加 2.5 倍热水，拌和均匀，置于 50～55℃的条件下，使淀粉酶发挥作用，6 h 后，饲料含糖量可增加到 10％左右。100 kg 籽实中加 2 kg 麦芽，糖化作用会非常好、更快。糖化饲料按 10％的份额增加到肉牛的日粮里，牛格外喜欢吃，育肥作用明显。

(7)发芽

发芽饲料用发芽的谷物籽实饲喂肉牛可给其补充维生素。1 cm 内的发芽饲料富含丰厚的维生素 E，7 cm 左右的发芽饲料富含较多的胡萝卜素和维生素 B_2、维生素 C。把谷类籽实用 18～22℃的温水浸泡 15 h 后，摊放在细筛内，厚 5 cm 左右，上盖麻袋或草席等物，常常喷洒清水，坚持湿润，室内温度保持在 25℃左右，经 7 d 左右即可发芽。这种发芽籽实是肉牛的优质补充饲料。每头牛每天饲喂 120 g 左右即可。

(四)肉牛糟渣类饲料的使用

30. 肉牛常用糟渣类饲料有哪些？

糟渣类饲料属食品和发酵工业副产品，主要有啤酒糟、酒精糟、甜菜渣、淀粉渣、豆渣、果渣、味精渣、糖渣、白酒渣、酱醋渣等，其特点是含水量高(70％～90％)，粗蛋白质、粗脂肪和粗纤维含量各异，其营养成分随原料、加工工艺等差别较大。糟渣类的新鲜品或脱水干燥品均可作为肉牛的饲料。

(1)啤酒糟

啤酒糟是大麦提取可溶性碳水化合物后的残渣,组成与大麦相近,但含量按比例增加,主要由麦芽的皮壳、叶芽、不溶性蛋白质、半纤维素、脂肪、灰分及少量未分解的淀粉和未洗出的可溶性浸出物组成。粗纤维含量较高,体积大。粗蛋白质含量为 22%~27%。氨基酸组成与大麦相似,赖氨酸 0.95%、蛋氨酸 0.51%、胱氨酸 0.30%、精氨酸 1.52%、异亮氨酸 1.40%、亮氨酸 1.67%、苯丙氨酸 1.31%、酪氨酸 1.15%。粗脂肪高达 5%~8%,其中亚油酸占 50%以上。含有丰富的锰、铁、铜等微量元素。维生素含量丰富,B 族维生素的含量没有糠麸多,但含有少量有利于肉牛生长的未知因子。犊肉牛饲料中使用 20%的啤酒糟也不影响生长。成年肉牛每天可饲喂鲜啤酒糟 5~10 kg,干啤酒糟可占日粮的 15%以内。

(2)玉米酒精糟

酒糟蛋白饲料的商品名是 DDGS,即含有可溶固形物的干酒糟。在以玉米为原料发酵制取乙醇过程中,其中的淀粉被转化成乙醇和二氧化碳,其他营养成分如蛋白质、脂肪、纤维等均留在酒糟中。同时由于微生物的作用,酒糟中蛋白质、B 族维生素及氨基酸含量均比玉米有所增加,并含有发酵中生成的未知促生长因子。市场上的玉米酒糟蛋白饲料产品有两种:一种为 DDG,是将玉米酒精糟作简单过滤,滤渣干燥,滤清液排放掉,只对滤渣单独干燥而获得的饲料;另一种为 DDGS,是将滤清液干燥浓缩后再与滤渣混合干燥而获得的饲料。后者的能量和营养物质总量均明显高于前者。

由于 DDGS 的蛋白质含量在 26%以上,已成为国内外饲料生产企业广泛应用的一种新型蛋白饲料原料,DDGS 一般占肉牛日粮干物质的 15%~30%。

(3)甜菜渣

甜菜渣是甜菜制糖时压榨后的残渣,新鲜甜菜渣含水量

70%～80%，适口性好，易消化。干甜菜渣为灰色或淡灰色，略具甜味，呈粉或丝状，无氮浸出物含量可达56.5%，而粗蛋白质和粗脂肪少。粗纤维含量多，但较易消化。矿物质中钙多磷少，维生素中除烟酸含量稍多外，其他均低。甜菜渣建议用量不超过日粮干物质的20%。干甜菜渣在喂牛前，应用水浸泡，使其水分含量达到85%以上才能使用。未经浸泡的干甜菜渣直接喂牛，一次用量不可过多，以免发生臌胀病。甜菜渣青贮后，可增加其适口性。犊牛和种公牛应少喂或不喂。饲喂时，应适当搭配一些干草、青饲料、饼粕、糠麸、胡萝卜以补充其不足的养分。

(4)饴糖渣

饴糖的主要成分是麦芽糖，是采用酶解法将粮食中的淀粉转化而成的，用于生产制造糖果和糕点。饴糖渣的营养成分视原料和加工工艺不同而有所不同。一般来讲，饴糖渣含糖高，含粗纤维低，还含有一定量的粗蛋白和粗脂肪，饲用价值与谷类相近，高于糠麸。饴糖渣味香，消化率高，是饲料中的优良调味品。

(5)豆腐渣

它是来自豆腐、豆奶加工厂的副产品，为大豆浸渍成豆乳后，过滤所得残渣。豆腐渣干物质中粗蛋白质、粗纤维和粗脂肪含量较高，维生素含量低且大部分转移到豆浆中，与豆类籽实一样含有抗胰蛋白酶因子。鲜豆腐渣是牛、猪、兔的良好多汁饲料，可提高奶牛产奶量，提高猪日增重，肥育猪使用过多会出现软脂现象而影响胴体品质。鲜豆腐渣经干燥、粉碎可做配合饲料原料，但加工成本较高。豆腐渣和粉渣肉牛日喂量2.5～5 kg，过量易拉稀。

(6)酱渣

酱渣含有大量菌体蛋白，粗蛋白质含量高达24%～40%。含有B族维生素、无机盐、糊精、氨基酸等。脂肪含量约14%，粗纤维含量高，无氮浸出物含量低，有机物质消化率低，有效能值低。多用于牛、羊、精饲料中，使用20%不影响适口性、产奶量及乳品质。肉牛饲料中用量不宜超过10%，否则会软化肉质。青贮牧草添加7%的酱油渣，不仅能提高干物质的含量，而且还能改进发酵效果；醋糟含有丰富的铁、锌、硒、锰等。

(7)其他

玉米淀粉渣可与精料、青绿饲料、粗饲料混合饲喂，肉牛日喂量10～15 kg。果渣中葡萄渣粉在牛日粮中可取代20%～25%的配合饲料。甘蔗糖蜜可制成粉状或块状糖蜜饲料，便于运输和贮存，每天每头肉牛饲用糖蜜量为1.5～2 kg。

31.怎样合理使用糟渣类饲料？

糟渣类饲料在鲜重状态下具有含水量高，如鲜白酒糟含水量高达60%以上，鲜木薯渣含水量80%～90%，体表面积大，营养成分含量少，受原辅料变更影响大，不易贮存，适口性好，价值低廉等特点，是饲养业中粗饲料的一大来源，合理应用，可以大大降低生产成本。糟渣类饲料可以占日粮总营养价值的35%～45%。

(1)利用糟渣类饲料饲喂时应当注意的问题

①不宜把糟渣类饲料作为日粮的唯一粗饲料，应和干粗料、青贮料配合。

②长期使用白酒糟时日粮中应补充维生素A，每头每日1万～10万IU。

③糟渣类饲料与其他饲料要搅拌均匀后饲喂。

④糟渣类饲料应新鲜，若需贮藏，以窖贮效果为好，发霉变质的糟渣类饲料不能用于饲喂。

(2)糟渣类饲料的贮藏技术

①贮藏方法。

A.单独贮藏。选用新鲜的糟渣饲料，夏季选用生产出不超过1 d的糟渣，冬季不超过3 d的糟渣。运输途中防淋雨，凡被污染的、发臭变质的糟渣均不可用，贮存前对混入的土石块、塑料薄膜等杂物进行清理。该技术关键控制点：选用新鲜糟渣，贮藏中压实，严格密封厌氧。

B. 混合贮藏。

a. 白酒糟与干稻草混贮：该技术是利用干稻草含水量低，混贮易控制白酒糟含水量高的缺点，甚至可做低水分贮藏，其关键是混贮比例，酒糟：稻草的比例一般选(8～10)∶1，其次是稻草要铡短，长度为1～2 cm，如果能将稻草用揉切机揉切，长度可在3～5 cm，否则不易压实排出空气。混贮白酒糟的实测容重依稻草混贮的比例不同为230～350 g/L，可根据肉牛养殖量计划贮藏量。

b. 木薯渣与玉米秸秆混贮：由于木薯渣含水量高，可与收获玉米棒后的玉米秸秆混合贮存。将玉米秸秆切短为2～3 cm长，揉切的玉米秸秆更好，每10～20 cm厚切短的玉米秸秆上铺一层木薯渣，木薯渣加入量可根据玉米秸秆的含水量添加，推荐比例为，木薯渣∶玉米秸秆=2∶1。

c. 木薯渣与干甘蔗梢混合贮存：方法与玉米秸秆混贮相同，木薯渣与玉米秸秆混贮的比例是2∶1。

d. 柑橘渣与玉米芯混贮：柑橘渣与玉米芯混合贮存可实现营养的互补。玉米芯粉碎后与柑橘渣按40∶60的比例混合，将混贮料抓一把紧握在手里，有水珠流到指缝，但不滴落下来，将手松开混贮料会松散开来，这样水分就合适了。再额外加入玉米芯与柑橘渣总重量的7%的玉米粉、0.3%的尿素、0.001 5%的乳酸菌，均匀混合。

C. 特种贮藏。可在糟渣中添加尿素、氯化铵、乳酸菌等符合法规的贮藏添加剂。以酒糟中添加氯化铵为例进行特种贮藏：添加氯化铵可以提高酒糟的含氮量，并具有杀菌、抑菌作用，有助于防止开窖后白酒糟二次发酵腐败。在酒糟中添加氯化铵饱和溶液(常温下可按100 g水配40 g氯化铵)贮藏，氯化铵添加量为0.3%。为了让氯化铵与白酒糟混合均匀和控制水分增加，贮藏中根据窖藏酒糟量确定氯化铵的量，将其溶于水后，在装填酒糟过程中用喷雾器喷入。

②贮藏技术。

a.场地选择。在牛场的辅助生产区选择地势高燥、便于运糟车进入的地方，根据场地条件和地下水位的高低，修建地下池或地上池。平坝贮藏选择在靠近牛舍的饲料贮料处，排水好、地势高且平坦的地方。

b.贮存窖池的容积与修建。根据所养牛数量、饲喂期长短、贮藏过程中的损失以及饲喂量，一般按育肥牛每头每天 10 kg 的湿糟来确定所需贮藏的糟渣数量，再根据糟渣的容重(如白酒糟中由于约有 40%的稻壳，实际测得容重为 680 g/L)设计窖池容积大小。窖池修建要求四壁平整光滑，能够密封，防止渗水和漏气，且有利于糟渣的装填压实。窖底部设计坡度一般 2°左右，窖池中部相对低于两边，可设排水沟和出水孔，糟渣窖池取料开口处需根据每天用糟量而定，开口不要太大。

该技术也可采用平坝贮藏，贮藏时在地上铺 2 层厚实的聚乙烯塑料膜。

c.窖藏前的准备。用前先将窖池消毒并打扫干净，保证四壁无裂缝后备用。

d.装窖。将糟渣逐层铺平，用人力或机械将糟渣压实压紧，特别注意要把窖的四周和边角压实压紧，直至将窖池装满或者将车里的糟渣装完为止。接着用泥土将塑料膜四周压紧密封，保持密闭厌氧环境。

e.管理。定期检查塑料膜有无破损，防止空气渗入，破坏厌氧环境。

f.取用。根据当地气温，糟渣密封贮藏 30～45 d 后即可取用，取用时根据日用量决定塑料膜开口大小。注意在取用时不要用铁铲，避免将地上的塑料膜戳破。尽量缩短取用时间，每次取用之后迅速密封。

g.品质鉴定。优质的糟渣贮藏料与鲜糟色泽相近，呈芳香酸味，不发黏，动物喜欢采食。

h. 饲喂。饲喂量由少到多，严格控制用量，不能饲喂霉变等变质糟渣。注意补充钙、微量元素和维生素，或搭配青绿饲料和干草。根据喂料比例在精料中添加0.5%～1.5%小苏打，有条件的可增加0.2%左右的氧化镁。

注意事项：尽量减少糟渣原料暴露时间，保证密封厌氧。

(五)肉牛矿物质饲料及添加剂的使用

32. 肉牛常用矿物质饲料及添加剂有哪些？

矿物质饲料主要有食盐、石粉、贝壳粉、骨粉等，是牛的生长、发育、繁殖不可缺少的物质，维持牛的正常新陈代谢；饲料添加剂主要有瘤胃素、喹乙醇、杆菌肽锌、磷酸脲等，由微量元素如Fe、Cu、Mn、Zn、Se等，维生素如维生素A、维生素D、维生素E等，是瘤胃代谢调节剂，促生长剂以及对有害微生物有抑制作用的物质所组成。

(1)常用的矿物质饲料

①食盐。大多数以植物性饲料为主的家畜，摄入的钠和氯远远不能满足需要，需补充食盐，相反，摄入的钾相当多。补充食盐，既可满足钠和氯的需要，又可满足机体对矿物质平衡的要求。进入冬季后，肉牛的饲料开始以秸秆为主，由于秸秆水分流失严重，盐分也随水分的流失而减少。因此，肉牛进入冬季以后，就会不同程度地出现毛色干燥、无光泽等现象，直接影响到肉牛的食欲与健康。

食盐的成分是氯化钠（NaCl），精制食盐含氯化钠99%以上，粗盐含氯化钠为95%。纯净的食盐含氯60%，含钠39%，此外尚有少量的钙、镁、硫等杂质。食用盐为白色细粒，工业用盐为粗粒结晶。补饲食盐时，除了直接拌在饲料中外，也可以以食盐为载体，制成微量元素预混料的食盐砖，供放牧家畜舔食。在缺硒、铜、锌等地区,也可分别制成含亚硒酸钠、硫酸铜、硫酸锌或氧化锌的食盐砖、食盐块使用。在缺碘地区,以碘盐补给。

②含钙、磷的矿物质。钙和磷是一对相辅相成的矿物质元素,缺少任何一个,对机体健康都不利,比例不适也会影响机体健康。

a. 石灰石粉($CaCO_3$)。石灰石粉又称石粉,为天然的碳酸钙,一般含纯钙35%以上,是补充钙最廉价、最方便的矿物质原料。

b. 贝壳粉。贝壳粉是各种贝类外壳(蚌壳、牡蛎壳、蛤蜊壳、螺蛳壳等)经加工粉碎而成的粉状或粒状产品,主要成分也为碳酸钙,含钙量应不低于33%。品质好的贝壳粉杂质少,含钙高,呈白色粉状或片状,贝壳粉内常掺杂砂石和泥土等杂质,使用时应注意检查。

c. 蛋壳粉。禽蛋加工厂或孵化厂收集的蛋壳,经干燥灭菌、粉碎后即得到蛋壳粉。无论蛋品加工后的蛋壳或孵化出雏后的蛋壳,都残留有壳膜和一些蛋白。因此,除了含有约34%钙外,还含有7%的蛋白质及0.09%的磷。蛋壳粉是理想的钙源饲料,利用率高。

d. 石膏粉。石膏为硫酸钙($CaSO_4 \cdot xH_2O$),有天然石膏粉碎后的产品,也有化学工业产品。工业石膏粉因其含有较高的氟、砷、铝等而品质较差,使用时应加以处理。石膏含钙量为20%～23%,含硫16%～17%,既可提供钙,又是硫的良好来源,生物利用率高。一般在饲料中的用量为1%～2%。

e. 骨粉。骨粉是以家畜骨骼为原料加工而成的,由于加工方法的不同,成分含量及名称也各不相同,化学式为[$3Ca_3(PO_4)_2 \cdot Ca(OH)_2$],是补充家畜钙、磷的良好来源。

骨粉一般为黄褐乃至灰白色的粉末,有肉骨蒸煮过的味道。骨粉的含氟量较低,只要杀菌消毒彻底,便可安全使用。但由于成分变化大,来源不稳定,而且常有异臭,在国外饲料工业上的用量逐渐减少。骨粉按加工方法可分为煮骨粉、蒸制骨粉、脱胶骨粉和焙烧骨粉等。

f.磷酸钙类。磷酸钙类包括磷酸一钙、磷酸二钙和磷酸三钙等。磷酸一钙，又称磷酸二氢钙或过磷酸钙，纯品为白色结晶粉末，多为一水盐[$Ca(H_2PO_4)_2 \cdot H_2O$]，本品含磷22%左右，含钙15%左右。磷酸二钙，也叫磷酸氢钙，为白色或灰白色的粉末或粒状产品，又分为无水盐($CaHPO_4$)和二水盐($CaHPO_4 \cdot 2H_2O$)两种，后者的钙、磷利用率较高，含磷18%以上，含钙21%以上。

磷酸三钙，又称磷酸钙，纯品为白色无臭粉末。饲料用常由磷酸废液制造，为灰色或褐色，并有臭味，分为一水盐[$Ca_3(PO_4)_2 \cdot H_2O$]和无水盐[$Ca_3(PO_4)_2$]两种，以后者居多。经脱氟处理后，称作脱氟磷酸钙，为灰白色或茶褐色粉末。含钙29%以上，含磷15%～18%，含氟0.12%以下。

g.其他。天然矿物质用于饲料的还有许多种，如沸石、麦饭石、膨润土、皂石、海泡石、凹凸棒石、蛭石、芒硝、腐泥、风化煤、石灰岩等。

③混合矿物质饲料。这类饲料是人们根据家畜不同生理状态对各种矿物质元素的需要，按一定比例配制而成的。目前，这类饲料名目繁多，多以添加剂形式供给。

(2)常用的饲料添加剂

①营养性添加剂。

a.微量元素添加剂。微量元素如铁、锌、锰、铜、钴、碘、硒等需通过添加剂补充。育肥肉牛每千克日粮干物质中微量元素添加量为：硫酸铜32 mg，硫酸亚铁254 mg，硫酸锌135 mg，硫酸锰128 mg，氯化钴0.42 mg，碘化钾0.67 mg，亚硒酸钠0.46 mg。这些盐类有不少缺陷，如易吸潮结块，影响其在饲料中的混合均匀度，同时对维生素有一定破坏作用。为了提高微量元素吸收率，弥补上述缺陷，近年来使用了有机酸盐类(如柠檬酸铁)和微量元素一氨基酸螯合物(如苏氨酸铁)。但后两种价格较高，只在特定条件下使用。使用微量元素添加剂时，要根据饲料中微量元素余缺情况，确定添加剂的种类和数量，添加时一定要与饲料混合均匀。

b. 维生素添加剂。使用维生素添加剂时，应注意其稳定性和生物学效价，妥善保存，避免失效。大量饲喂青绿饲料时，可考虑少添或不添维生素添加剂。但在以黄干秸秆为主要粗料，无青绿饲料或用酒糟育肥牛时，要注意维生素 A、维生素 D、维生素 E 的补充。因为牛机体自身能够合成 B 族维生素、维生素 K 及维生素 C，因此，除犊牛外，日粮中不用额外添加上述维生素。每千克肉牛日粮干物质维生素添加量为：维生素 A 添加剂（含 20 万 IU/g）14 mg，维生素 D_2 添加剂（含 1 万 IU/g）28 mg，维生素 E（含 20 万 IU/g）0.38～3 g。另外，烟酸（尼克酸）对肉牛的生产性能也有较大影响。肉牛每千克日粮干物质中可添加 100 mg，有利于提高日增重和饲料转化率。

c. 氨基酸添加剂。目前，在饲料中经常使用的氨基酸添加剂主要有赖氨酸、蛋氨酸。它们已被广泛用于家禽和养猪业，用于反刍动物才刚刚开始。牛因其消化生理上的特点，氨基酸如果直接添加到饲料中，就会在瘤胃被微生物分解成氨态氮，起不到添加氨基酸的作用，造成资源的浪费。但氨基酸添加剂可以用于犊牛的代乳品或开食料中，并取得良好的促生长效果。对于成年牛或育肥牛的氨基酸添加剂必须用特殊的方法补加才能见效。将氨基酸用保护剂处理，使它们在瘤胃中不受微生物的分解，顺利到达小肠被吸收利用，目前市场已有经保护处理的氨基酸产品。

②非营养性添加剂。非营养性饲料添加剂是指为保证或者改善饲料品质、提高饲料利用率而掺入到饲料中的少量或者微量物质。

a. 瘤胃素。瘤胃素的有效成分为瘤胃素钠盐，是目前国内外广泛使用的肉牛饲料添加剂之一，无残留，无须停药期。它的作用机理：通过减少瘤胃甲烷气体能量损失和饲料蛋白质降解及脱氨损失，控制和提高瘤胃发酵效率，发挥最高的饲料报酬。试验研究表明：放牧肉牛及粗饲料为主的舍饲牛，每头每日添加 150～200 mg，日增重比对照组提高 13.5%～15%，每千克增重减少饲料消耗7.5%。添加方法：每头牛每日喂量为50～360 mg，常用量为100～200 mg，360 mg为最高剂量。全价日粮每千克精料混合料添加40～60 mg。具体饲喂时，应有一周的过渡期，即1～7 d，每头每日饲喂60 mg瘤胃素钠，8 d后剂量逐渐加大，渐渐达到标准规定量。

b.缓冲剂。当给牛饲喂大量能产酸的饲料，如精料以及含酸量大的饲料如酒糟、青贮等时，会影响体内酸碱平衡和食欲，瘤胃微生物的活力也会被抑制，降低对饲料的消化利用率，严重的会导致瘤胃酸中毒。常用的缓冲剂是碳酸氢钠（小苏打）和氧化镁，还有石灰石、氢氧化铝、磷酸氢钙等。这类物质可增加机体的碱贮备，防治代谢性酸中毒，饲服后可中和胃酸，溶解黏液，促进消化，调整瘤胃pH，平衡电解质。可单独添加，小苏打用量为占精料的1%～2%，氧化镁为0.3%～0.6%，也可同时添加。

c.中草药饲料添加剂。我国地域辽阔，中草药资源十分丰富，利用中草药饲料添加剂具有得天独厚的条件。现在已知有100多种中草药可以作为饲料添加剂。中草药饲料添加剂不但可以可提供给肉牛大量的氨基酸、维生素、微量元素等营养物质，能提高饲料的利用率，促进畜禽生长，而且富含多糖类、有机酸类、黄酮类、生物碱类等天然的生物活性物质，可增强机体的免疫力，防治疾病，保持健康，另外还有简便价廉、功能多样、无毒副作用、无抗药性等优点。

d.激素类增重剂。我国及世界上多数国家已经禁止使用。我国禁止在饲料和动物饮水中使用的药物品种目录详见农业部公告[2002]第176号。

33.怎样合理使用矿物质饲料及添加剂？

(1)合理使用矿物质饲料

①选用钙、磷补充料注意的问题。天然的矿石及石灰石中，只要铅、汞、砷、氟的含量不超过安全系数，都可用作饲料。石粉的用

量依据畜禽种类及生长阶段而定，一般畜禽配合饲料中石粉使用量为0.5%～2%。单喂石粉过量，会降低饲粮有机养分的消化率，还对畜禽肾脏有害，使泌尿系统尿酸盐过多沉积而发生炎症，甚至形成结石。所以使用这类饲料时要注意其纯度；有害元素含量，如氟、铝、砷等是否超标；物理形态如比重、细度；钙、磷利用率和价格；草酸、脂肪酸等的副作用。

②选用食盐注意的问题。食盐用于饮水使用时，注意浓度和饮用量；食盐易吸潮结块，含水量要低；粒度要均匀；细度以通过30目为宜。

③选用骨粉、蛋壳粉、贝壳粉等注意的问题。用简易方法生产的骨粉，即不经脱脂、脱胶和热压灭菌而直接粉碎制成的生骨粉，因含有较多的脂肪和蛋白，易腐败变质。尤其是品质低劣，有异臭，呈灰泥色的骨粉，常携带大量病菌，用于饲料易引发疾病传播。有的兽骨收购场地，为避免蝇蛆繁殖，喷洒敌敌畏等药剂，而使骨粉带毒，这种骨粉绝对不能用作饲料。贝壳粉内常掺杂沙石和泥土等杂质，使用时应注意检查，另外若贝肉未除尽，加之贮存不当，堆积日久易出现发霉、腐臭等情况，这会使其饲料价值显著降低，选购及应用时要特别注意。使用蛋壳粉应注意蛋壳干燥的温度应超过82℃，以消除传染病源。

④选用石膏注意的问题。石膏若是来自磷酸工业的副产品，则因其含有高量的氟、砷、铝等而品质较差，使用时应加以处理。

(2)合理使用饲料添加剂

①使用饲料添加剂的基本条件。

a. 长期使用不应对畜禽产生急、慢性的毒害作用和不良影响。

b. 必须具有确实的生产效果和经济效益。

c. 在饲料和畜禽体内具有较好的稳定性。

d. 不影响饲料的适口性。

e. 在畜禽产品中的残留量不超过标准，不影响畜禽产品的质量和人体健康。

f. 所用化工原料，其中所含有毒金属量不得超过允许使用限度。

g. 不影响种畜生殖生理及胎儿发育。

h. 不得超过有效期或失效。

i. 不污染环境，有利于畜牧业可持续发展。

饲料添加剂的种类繁多，性质各异，用量甚微，一般为 1～100 mg/kg。如果直接用于饲料中不仅技术上困难，而且很难保证其使用效果。通常都是将其作为原料，生产出各类预混料，再应用于配合饲料中。

②使用微量元素添加剂考虑的因素。

a. 要有较高的生物效价。即动物能消化、吸收、利用，并能发挥其特定的生理功能。

b. 含杂质少，有毒有害物质在允许范围内。化工级，杂质高，多采用饲料级微量元素盐。

c. 有稳定可靠的货源，保证生产和供应。

d. 成本低，保证使用的经济效益。试剂级价格昂贵，不经济。

e. 物理和化学稳定性良好，方便加工、贮藏和使用。

f. 草酸、植酸、磷酸盐、纤维素等降低铁的利用率；硫酸铜、硫酸锰对眼、皮肤及呼吸道有刺激作用，使用时应戴防护罩；用于饲料生产时，混合均匀度、加工过程的添加方法和准确称量都值得注意。

g. 在配合饲料加工过程中，计量、混合等工序，必须严格控制，加强管理，严防因计量失误、配混不匀及严重的残留污染，造成微量元素过量的中毒事故。

h. 在饲料中添加微量元素时，不仅要考虑上述的需要量及各元素之间的协同和拮抗作用，还要考查各地区元素的分布特点和所用饲料中各种元素的含量。在饲料应用之前，必须先经过预混和分析，在饲料中的水平和动物的摄取量必须符合食品药物管理局（FDA）的管理条例规定。使用添加剂还要结合地区的元素分布特点和饲料中的含量，对用量进行调整。

③使用维生素添加剂考虑的因素。

A. 准确把握畜禽对维生素的需要量。畜禽对维生素的需要量受诸多因素的影响，具体来说，有以下几个方面。

a. 畜禽的品种、年龄、生理状况和生产目的等，如泌乳母牛维生素 A 的需要量则为 3 200～6 600 IU/kg。

b. 在应激、疾病或不良环境等因素影响下，畜禽对某种维生素的需求量要增大，如鸡在转群时适当地添加维生素 C，可减少或避免由应激而产生的不良影响。

c. 其他：因为青绿饲料中含有丰富的维生素，所以大量饲喂或采食青绿饲料的畜禽，可考虑不喂或少用维生素添加剂，而在有些情况下，就要适当增加一定的添加量，如在使用抗菌药物时，由于一些抗菌药会改变肠道内某些微生物的数量和分布，而抑制某些维生素的合成，这时就要增加维生素的用量。

B. 注意维生素添加剂的产品质量。

a. 在购买时，应选择正规厂家生产的质量可靠的维生素添加剂，必要时，可进行抽检，以确保质量。

b. 保证维生素添加剂的贮存条件，一般来说，维生素添加剂要求贮存在干燥、密闭和低温的环境中，贮存期越短越好，一般情况下，要求在 1 个月内使用完，不宜超过 6 个月，尤其在高温高湿季节，要防止霉菌污染。如贮存期超长或不利条件下，可以根据具体情况适当地增加剂量，以达到理想的效果。

C. 使用时要混匀。使用维生素添加剂时，一定要使之与饲料充分混匀。操作时，应采取逐级混匀的方法，以达到各部分的比例均匀。如果比例不均，可能造成药效欠佳，营养缺乏，以至于发生中毒现象。

D. 注意配伍禁忌。使用维生素添加剂时，要注意各种维生素的理化特性，防止各营养成分之间相互拮抗。如矿物元素铜与维生素 B_1 和维生素 C，抗球虫药物与维生素 B_2，有机酸防腐剂与多种维生素之间均应避免配伍禁忌。氯化胆碱有较强的吸湿性，特别是与微量元素铁、铜、锰共存时，会大大影响维生素的生物效价。

E. 选择维生素添加剂时，要有一定的针对性。使用维生素添加剂时，必须根据当地的气候条件、土壤条件、水源情况、饲料类型和动物种类等综合因素，有选择性地、合理地使用某种维生素添加剂。

④使用氨基酸添加剂考虑的因素。

a. 首先确定需添加的氨基酸的种类。不同地区因饲料资源不同，畜禽日粮类型不同，氨基酸组成也不尽相同。实际生产中，需经过认真的计算，正确确定日粮中所需添加的氨基酸的种类和数量。

b. 确定合理的添加量。首先应测出饲料中氨基酸的含量，然后与畜禽饲养标准对比，缺啥补啥，缺多少补多少。确定添加量应注意：饲养标准的氨基酸需要量不完全等于添加量。饲养标准是畜禽在正常情况下所需氨基酸的最低值，但畜禽的需要量受许多因素的影响，因而实际的添加量与规定的需要量之间有很大差异。往往实际需要量高于推荐值，因此，要在饲养标准的基础上增加一定的安全系数。

c. 要考虑饲料原料中氨基酸的消化率和可利用率。因饲料原料中所含的氨基酸并不能全部被动物消化、吸收和利用。实践证明，以可消化或可利用氨基酸含量为指标配制畜禽日粮，比通常用总氨基酸指标配制的饲料更有效。

d. 搅拌均匀。使用氨基酸添加剂时应充分搅拌，并均匀地分布于全日粮中。若没有强力搅拌机的情况下，可用适量的玉米粉或麸皮等作载体，与氨基酸预混合，经搅拌均匀后再与其他配合饲料原料混匀。

e. 要保证产品理化性质的稳定。应将其贮藏在避光、通风、干燥处，防止高温高湿。严格按说明书使用，不超过有效期，最好开袋后一次用完，如使用不完，应将袋口封严。

f. 要注重经济效益。添加与否和添加多少，不仅要考虑饲养效率，而且还必须考虑经济效益。在日粮配合时，首先要采用多种饲料原料合理搭配，使不同饲料之间氨基酸产生互补作用，可提高饲养效果和降低成本。例如，大豆饼（粕）、棉籽饼（粕）、花生饼（粕）、菜籽饼（粕）等多种植物蛋白混合使用，可使氨基酸得到互补。在考虑是否应用合成氨基酸时，就要考虑饲料原料中可消化必需氨基酸的含量，提供每千克必需氨基酸（如赖氨酸、蛋氨酸）的价格和合成氨基酸的价格。应用计算机或配方软件，可很快得到日粮成本最低，营养又最全面的配方。

⑤其他饲料添加剂使用注意事项。

a. 符合有关的法律法规。如《饲料卫生标准》《饲料标签标准》和《饲料添加剂标准》的有关规定，必须是我国农业部公布的《允许使用的饲料添加剂品种目录》所规定的品种。饲料添加剂的使用应遵照饲料标签所规定的用法和用量。药物饲料添加剂的使用应按照我国农业部发布的《饲料药物添加剂使用规范》执行，使用药物饲料添加剂应严格执行休药期制度，饲料中不应直接添加兽药。

b. 严禁使用违禁药物作为饲料添加剂，控制药物添加剂污染。禁止使用可以给动物机体和畜产品带来安全隐患的添加剂，如 β-兴奋剂、镇静剂、激素等。对药物添加剂的管理与添加应有专人负责，并有完整详细的书面记录。饲料中使用药物添加剂要遵循逐级稀释扩大的方法进行，确保其均匀性。要定期、及时清理粉碎、混合、输送、贮藏药物添加剂的设备及系统，避免污染其他饲料。也要防止霉变污染。

c. 谨慎使用抗生素。慎用抗生素，减少对抗生素使用的依赖性和随意性，特别是滥用抗生素。

d. 科学配制与使用饲料添加剂。选择合适的添加剂种类；适时适量添加；注意添加方式和适用对象；注意配伍禁忌；混合要均匀；饲料添加剂应贮存于干燥、低温及避光处。

(六)肉牛日粮配制

34. 肉牛日粮配合的原则是什么?

(1)配方设计的科学性

饲料配方包含动物营养、饲料、原料特性与分析、质量控制等先进知识。各项营养指标必须建立在科学的标准基础上,能够满足动物在不同生长期对各种成分的需要,指标之间具备合理的比例关系,对相应生产的饲料又具有良好的适口性和利用率。科学性是饲料配方设计的基本原则。要符合肉牛饲养标准,并充分考虑实际生产水平。

(2)饲料的适口性和饱腹性

饲料的适口性直接影响动物的采食量。如菜籽饼适口性较差,在日粮中单独使用,配比不能过高,否则采食量降低,若与豆饼合用,不但可以提高适口性,还能做到多种饲料合理搭配,发挥各种营养物质的互补作用,提高日粮的消化率和营养价值。要根据畜禽的种类、生产阶段和生理要求合理搭配饲料。尽可能利用当地的饲料原料,品种多样化,努力降低饲料成本。精粗饲料比例依牛的类型和粗饲料的品质优劣而不同。一般按精粗比(30~40):(60~70)搭配。

(3)饲料的经济性和市场性

在畜牧业生产开支中,饲料的费用占整个成本70%~80%,所以在配合日粮时,要因地制宜充分开发当地饲料资源,精打细算,降低成本。饲料配方应从经济的、实用的原则出发。生产中是否采用高投入高产出或低投入低产出的饲养策略,主要取决于市场。对地方品种畜禽和散养户可设计较低档配方,对外来良种、优良品种和规模养殖场则应设计高中档配方。当市场饲料原料价格低廉而畜产品售价较高时,则应设计高档次的饲料产品,追求较好的饲养效果和较优的饲料转化率。当市场饲料价格坚挺而畜产品销售不畅、价格走低时，则可设计较低档次的饲料产品，实现低成本饲养，保持一般生产水平。

(4)饲料的安全性和合法性

配方设计必须遵守国家有关饲料生产的法律法规，如《饲料和饲料添加剂管理条例》《中华人民共和国兽药管理条例》《农产品安全质量无公害畜禽肉产品安全要求》等。严禁使用“瘦肉精”之类的激素药，控制使用高铜、高锌，尽量使用绿色饲料添加剂(如复合酶、益生素、中草药制剂等)。提高饲料产品的内在质量，使之安全、无毒、无药残、无污染，符合营养指标、感官指标、卫生指标。

35.肉牛饲料配方设计的步骤是什么?

(1)明确目标

饲料配方设计的第一步是明确目标，不同的目标对配方要求有所差别。目标可以包括整个产业的目标、整个产业中养殖场的目标和养殖场中某批动物的目标等不同层次。主要目标含以下方面：单位面积收益最大；每头上市动物收益最大；使动物达到最佳生产性能；使整个集团收益最大；对环境的影响最小；生产含某种特定品质的畜产品。

(2)确定动物的营养需要量，参照饲养标准确定

肉牛在不同的生长发育阶段，不同的生长速度及不同的环境条件下，对各种营养物质的需求量大不相同。如能充分满足肉牛的营养需要，则可发挥最大的生产潜力。

①能量。能量的作用是保证牛的新陈代谢，维持牛的日常生命活动。日粮中能量不足，就会导致肉牛减重，由体组织贮存的营养物质分解，释放能量来维持肉牛的生命活动。因此，在肉牛育肥过程中，一定要保证供给牛足够的能量。牛由于有瘤胃微生物的作用，可利用相当数量的粗饲料作为能量来源。

②蛋白质。蛋白质是一切生物体细胞的基本成分。肉牛需要

蛋白质先是补充机体组织的损耗,如毛发、角、蹄的生长,酶和激素的合成等,其次才是用于增重。由于一般的青干草和秸秆类含蛋白质较少,在肉牛育肥阶段需补充蛋白质饲料或非蛋白氮。

③矿物质。矿物质占家畜体重的3%～4%,是机体组织和细胞不可缺少的成分。除形成骨骼外,主要起维持体液酸碱平衡,调节渗透压和参与酶、激素和某些维生素的合成等。几种主要的矿物质有盐、钙、磷等称为常量元素。盐应经常供给,既可让牛自由舔食,也可在日粮中添加;钙在肉牛育肥阶段精饲料增加较大时,要给予必要的补充;磷可根据肉牛营养需要加到日粮中进行补充。与肉牛有关的微量元素有硒、锌、铜、锰、钴、碘等。一般情况下,这些微量元素不会缺乏,只在一些土壤中缺乏某种元素的地区,才有必要在日粮中加以补充。

④维生素。维生素是属于维持畜禽正常生理机能所必需的低分子有机化合物。日粮中维生素缺乏可导致生长迟缓。肉牛最易缺乏的是维生素A,建议在以秸秆为主的基础日粮中,每100 kg体重每天补充6 600 IU维生素A。

⑤水。水是动物机体的重要组成部分。肉牛的需水量,受增重速度、活动情况、日粮类型、进食量和外部环境等多方面影响。一般250～450 kg的育肥牛,在环境温度10℃时的饮水量为25～35 kg。

(3)选择饲料原料

(4)配方计算

将以上三步所获取的信息综合处理,形成配方配制饲粮,可以用手工计算,也可以采用专门的计算机优化配方软件。饲料配制出来以后,想弄清配制的饲粮质量情况必须取样进行化学分析,并将分析结果和预期值进行对比。

①手工计算法。有代数法、交叉法、试差法等,主要应用试差法,试差法操作步骤有以下几点:

a.首先弄清动物的年龄、体重、生理状态和生产水平,选用相应的饲养标准。饲养标准需要适当调整时，先确定能量指标，然后根据饲养标准中能量和其他营养素的比例关系，再调整其他营养物质的需要量。为了使配方更先进和更科学，最好要了解最近的研究文献。

b. 根据当地的饲料资源确定参配饲料种类。

c. 查阅饲料营养价值表，并记下饲料中与需要量相应的重要养分的含量。

d. 采用适当的计算方法初拟配方。

e. 在初拟配方的基础上，进一步调整钙、磷、氨基酸的含量。首先用含磷高的饲料（骨粉、磷酸氢钙、磷酸钙）调整磷的含量。再用碳酸钙（石粉、贝壳粉）调整钙的含量，用人工合成的氨基酸调整氨基酸的含量。

f. 主要矿物质饲料的用量确定后，再调整初拟配方营养成分（百分含量）。

g. 最后补加微量元素和多种维生素。配方中营养成分的计算种类和顺序是：能量—粗蛋白质—磷—钙—食盐—氨基酸—其他矿物质—维生素。

②计算机计算法。目前，最先进、最准确的方法是用专门的配方软件，通过计算机配合日粮。市场上有多种配方软件，其基本工作原理都是一样的，差别主要在于数据库的完备性和操作的便捷性等方面。

不论采用哪种方法，日粮配制的目的是实现经济合理的饲养，用最低的成本获取最高效益。

36. 如何用试差法给肉牛配制日粮？

用试差法给体重 350 kg 肥育肉牛设计精料补充料配方，假设肉牛预期日增重为 0.9 kg。

计算方法步骤如下：

①查肉牛饲养标准，确定肉牛营养需要量（表 2-1）。

表 2-1　肉牛营养需要量

体重/kg	日增重/kg	干物质采食量/kg	粗料/%	粗蛋白质/g	代谢能/MJ	钙/g	磷/g
350	0.9	8.0	45～55	800.0	87.2	20.0	17.6

②确定原料并查出其营养成分含量(表 2-2)。

表 2-2　饲料原料营养成分含量

原料	干物质/%	干物质中			
		代谢能/(MJ/kg)	粗蛋白质/%	钙/%	磷/%
玉米秸	91.3	9.5	7.7	0.43	0.27
小麦秸	92.0	5.6	3.1	0.28	0.03
玉米	88.4	13.4	9.7	0.09	0.24
麸皮	88.6	10.9	16.3	0.20	0.88
棉籽饼	84.4	8.5	26.8	0.92	0.75

③确定精粗比例及采食量需要量：肉牛干物质采食量为 8 kg，粗料占采食量的 45%～55%，确定为 50%，每天采食量为 4 kg，其中玉米秸 3.5 kg，小麦秸 0.5 kg。

④计算粗饲料中营养水平及需要精料补充料的营养水平(表 2-3)。

表 2-3　精粗料营养提供量

原料	用量(干物质)/kg	代谢能/MJ	粗蛋白质/g	钙/g	磷/g
玉米秸	3.5	33.25	270.90	15.10	9.50
小麦秸	0.5	2.80	15.50	1.40	0.15
粗饲料合计	4	36.05	286.40	16.50	9.65
营养需要	8	87.20	800.00	20.00	17.60
需精料补充	4	51.15	513.60	3.50	7.95

⑤试配精料补充料配方(表 2-4)。

表 2-4　试配精料补充料配方及其营养成分含量

原料	用量(干物质)/kg	代谢能/MJ	粗蛋白质/g	钙/g	磷/g
玉米	2.90	38.86	281.00	2.60	7.00
麸皮	0.68	7.41	111.00	1.40	6.00
棉籽饼	0.42	3.57	113.00	3.90	3.10
合计	4	49.84	505.00	7.90	16.10
需补充量	4	51.15	513.60	3.50	7.95
相差	0	−1.31	−8.60	+4.40	+8.15

⑥调整精料补充料配方,使粗蛋白质达到标准要求,并将试配好的精料补充料配方换为风干基础及百分含量(表 2-5)。

表 2-5　调整后的精料补充料配方

原料	用量(干基础)/kg	用量(风干基础)/kg	用量(风干基础)/%
玉米	2.87	3.25	71.7
麸皮	0.68	0.77	17.0
棉籽饼	0.45	0.51	11.3

三、肉牛的饲养管理

(一)肉用繁殖种牛的饲养管理

37.如何对种用犊牛进行饲养管理?

(1)随母哺乳,过好"哺乳关"

肉用犊牛一般随母自然哺乳。犊牛出生后应在0.5～2 h内尽量让其吃上初乳,方法是在犊牛能够自行站立时,让其接近母牛后躯,采食母乳。对个别体弱的可人工辅助,挤几滴母乳于洁净手指上,让犊牛吸吮其手指,而后引导到乳头助其吮奶。自然哺乳时应注意观察犊牛吸乳时的表现,当犊牛频繁地顶撞母牛乳房,而吞咽次数不多,说明母牛奶量少,犊牛不够吃,应加大补饲量;反之,当犊牛吸吮一段时间后,口角已出现白色泡沫时,说明犊牛已经吃饱,应将犊牛拉开,否则容易造成犊牛哺乳过量而引起消化不良。

传统的肉用犊牛的哺乳期一般为6个月,纯种肉牛及我国黄牛的养殖一般不实行早期断奶,但西门塔尔改良牛产奶量高,在挤奶出售的情况下,可实行犊牛早期断奶。

(2)及早补饲

肉用母牛的产奶量较低,肉用犊牛早期生长快,仅靠母牛的奶喂养犊牛,不能满足其快速发育的需要,因此,在犊牛哺乳早期就应进行补饲。

①干草的补饲。从1周龄开始,在牛栏的草架内添入优质干草(如豆科青干草等),训练犊牛自由采食,以促进瘤胃、网胃发育。

②精料的补饲。生后 10～15 d 开始训练犊牛采食精料。由于肉用母牛和犊牛一起生活，所以应采取有效的补饲措施，一般采用隔栏补饲，即在牛舍或牛圈内设一个犊牛能够自由进出而母牛不能进入的坚固围栏，内设饲槽并每日放置补饲的饲料。围栏的大小视犊牛的头数而定，进口宽 40～50 cm、高 90～100 cm。

开始时日喂干粉料 10～20 g，到 1 月龄时，每天可采食 150～300 g，2 月龄时可采食到 500～700 g，3 月龄时可采食到 750～1 000 g。

补充的精料必须是高蛋白和易消化的能量饲料，并添加维生素、矿物质，其营养必须平衡，还需具有较好的适口性。犊牛补充料配方为：在以青草、青贮为主时，玉米占 55%～60%、麸皮 10%～15%、豆饼占 20%～25%、鱼粉 5%、磷酸氢钙 2%、食盐 1%；以干草为主时，玉米占 50%～55%、麸皮 10%～15%、豆饼 25%～30%、鱼粉 5%、磷酸氢钙 2%、食盐 1%、维生素 A 用量为 1 万～2 万 IU/kg。

③青绿多汁饲料的补饲。如胡萝卜、甜菜等，犊牛在 20 日龄时开始补喂，以促进消化器官的发育。每天先喂 20 g，到 2 月龄时可增加到 1～1.5 kg，3 月龄为 2～3 kg。

④青贮饲料的补饲。可在 2 月龄开始饲喂，每天 100～150 g，3 月龄时 1.5～2 kg，4～6 月龄时 4～5 kg。应保证青贮料品质优良，防止用酸败、变质及冰冻青贮料喂犊牛。

(3)合理断奶

肉用犊牛断奶时的最大应激反应是母仔分离给犊牛带来的痛苦，断奶应采取循序渐进的办法。断奶初期，可逐渐减少母、仔在一起的时间和次数，将犊牛留在原处，定时将母牛牵走。自然哺乳的母牛在断奶前 1 周停喂精料，只给优质粗料，使其泌乳量减少。刚断奶的犊牛应细心喂养，断奶后 2 周内的日粮应与断奶前相似。日粮中精料占 60%，粗蛋白质不低于 12%。

(4)加强护理,预防疾病

在犊牛饲养中,坚持每天刷拭牛体,并注意观察其食欲、精神、粪便是否正常,发现问题及时采取措施。犊牛最易发生的疾病是腹泻和肺炎。可给犊牛添加1%的食母生,以促进其消化;恶劣天气减少犊牛户外活动,好天气多让犊牛进行户外活动,以增强抗病力;做好防寒保暖工作,防止受凉感冒。

38.如何对种用育成牛饲养管理?

计划留做后备牛的犊牛在4～6月龄时选出,要求生长发育好、性情温顺、具备良好的体质,但不过于肥胖。

(1)育成母牛的饲养

育成母牛的日粮应以青粗饲料为主,充分采食青草、青贮和干草。青饲季节可不补充精料,仅补充矿物质即可。冬季根据青粗饲料质量补饲少量精饲料。

①3～6月龄。可采用的日粮配方为:犊牛料2 kg,干草1.4～2.1 kg,青贮料5～10 kg。

②7～12月龄。日粮中干物质的75%应来源于青粗饲料,25%来源于精饲料。日喂量:混合料2 kg左右,青干草0.5～2 kg,玉米青贮11 kg。

在放牧状况下,如果牧草生长良好,此期犊牛日粮中的粗饲料、多汁饲料和大约一半的精饲料可被牧草代替;在牧草生长较差的情况下,则必须补饲青饲料。青饲料的采食量:7～9月龄母牛为18～22 kg,10～12月龄母牛22～26 kg。每天青粗饲料的采食量可达体重的7%～9%,占日粮总营养价值的65%～75%。此阶段结束,体重可达250 kg。

③13～18月龄。为了促进育成牛性器官的发育,其日粮中要尽量增加青贮、块根、块茎饲料的喂量。一般情况下,可不喂精料或少喂精料(每头牛日饲喂量在0.5 kg以下);但在优质青干草、多汁饲料不足和计划较高日增重的情况下,则必须每日每头牛加

喂 1～1.3 kg 精料。

在放牧条件下，如果牧草生长较差，也必须给牛补饲青饲料。青饲料日喂总量(包括放牧采食量)：13～15 月龄育成母牛为 26～30 kg，16～18 月龄育成母牛为 30～35 kg。冬末春初每头育成牛每天应补 1 kg 左右配合料，每天喂给 1 kg 胡萝卜或青干草，或者 0.5 kg 苜蓿干草。

④19～24 月龄。进入配种繁殖期。日粮应以优质干草、青草、青贮料和多汁饲料为基本饲料，少喂或不喂精料。到妊娠后期，应每日补充 2～3 kg 精料。如有放牧条件，应以放牧为主。

(2)育成母牛的管理

①及时分群。育成牛断奶后进行分群。首先是公、母牛分开饲养，其次是体格大小应该相近，月龄差异一般不应超过 2 个月，体重差异低于 30 kg。

②加强运动。在舍饲条件下，青年牛每天应至少有 2 h 以上的运动。一般采取自由运动。在放牧的条件下，运动时间一般足够。

③经常刷拭牛体。为了保持牛体清洁，促进皮肤代谢和养成温驯的气质，育成牛每天应刷拭 1～2 次，每次 5～10 min。

④加强发情鉴定，适时配种。发育较好的母牛可于 18 月龄配种，对发情异常的个体及时进行检查和处理。

肉用母牛的繁殖要加强选种选配。杂交改良牛生长快，效益好，但要特别注意母牛的难产问题。初配牛最好选择中小型肉牛品种如安格斯牛或地方良种黄牛进行杂交，大型牛和经产牛可引入利木赞牛、夏洛来牛、西门塔尔牛等大型牛进行改良。

39. 怎样对成年繁殖母牛进行饲养管理？

(1)空怀母牛的饲养管理

空怀母牛饲养管理的主要任务是提高受配率、受胎率。母牛在配种前应具有中上等膘情，过瘦和过肥都会影响其正常妊娠。

改善饲养管理条件、增加运动和日光浴可增强牛群体质，提高母牛的繁殖能力。空怀母牛的饲养应充分利用粗饲料，以降低饲养成本。

(2)妊娠母牛的饲养管理

①多采取放牧饲养的方法。我国青草季节主要在6～10月份，可充分利用青草季节进行放牧饲养。在此期间，只要牧草质量好，就能基本满足牛的需要，一般不需要补饲。

放牧的时间：早晨4时出牧，晚8时收牧，中午进舍避暑4 h，每天放牧12 h。每天补喂精料1～1.5 kg，饮水5～6次，刷拭牛体2次。

枯草季节，应根据草的质量及时补饲，特别是妊娠的最后2～3个月，每天可以补喂混合精料1.5～2 kg，干青草8 kg，食盐50 g，磷酸氢钙75 g。

在舍饲期，日粮应以青粗饲料为主，适当搭配精饲料。日喂优质干草11 kg，青贮料10～15 kg，混合精料2.5～3 kg，食盐30 g，磷酸氢钙45 g。保证充足饮水，上、下午各驱赶运动1.5～2 h，每天刷拭牛体2次。

②做好保胎工作。

a.满足母牛的营养需要。保证日粮中充足的粗蛋白质、维生素A和维生素E以及钙、磷等，防止营养不良而发生妊娠中止。确保饲料清洁新鲜，不喂发霉变质饲料、冰冻饲料，不喂酒糟、棉籽饼等含有某种毒素成分的饲料。此外，还应注意防止牛过瘦和过肥，以免发生难产。

b.给予孕牛适宜的环境，保持牛的健康。每天应对牛舍、牛床、牛体进行清洗、打扫，保持清洁卫生，并定期消毒。严格防疫，防止发生传染病。布氏杆菌病是预防的重点，一旦发生会引起孕牛流产。

c.合理运动、使役。孕牛的牵引、驱赶、使役等要注意方法，不要过急、过快。孕牛产前1～2个月应停止使役。

d.合理用药。孕牛患病治疗时用药必须谨慎,对胎儿有致畸等危害的药物应避免使用,能引起子宫肌收缩的药也应禁用,如麦角碱、催产素、前列腺素等,除此还应禁用全身麻醉药、烈性腹泻药等。

e.不混群饲养。孕牛应与其他牛分开单独饲养,防止顶架、爬跨等而造成流产。

f.避免孕牛受到机械性损伤。生产中对孕牛应温和,合理调教,不能粗暴,防止滑倒、挤伤或碰伤。

(3)泌乳母牛的饲养管理

泌乳母牛的饲养,主要是达到有足够的泌乳量,以供犊牛生长发育的需要。放牧饲养情况下,多采用季节性产犊,以早春产犊较好。既可以保证母牛的产奶量,又可以使犊牛提前采食青草,有利于犊牛生长发育。舍饲情况下,可参考饲养标准配合日粮,但应以青饲和青贮为主,适当搭配精饲料,既有利于产奶和产后发情,也可节约精饲料。

40.如何对种公牛进行科学地饲养管理?

(1)种公牛的饲养

种公牛的饲养目标是使其具有健康的体质、旺盛的性欲、灵活的体躯和优良的精液品质,而且使用年限要长。种公牛的日粮以精料为主,喂量一般为体重的0.5%～1.0%,占日粮总营养的45%～60%。精料要求营养全价,多样搭配,容积要小,适口性强,易于消化。一般由麸皮、大麦、玉米、燕麦、豌豆、黑豆、豆饼及磷酸氢钙等搭配而成,避免单一饲料喂量太多影响精液量和品质。粗料要以蛋白质含量高的豆科干草为主,最低限度也应是豆科和禾本科的混合干草,一般可按体重的1%搭配,防止形成“草腹”。实际上,种公牛的营养重点是蛋白质、维生素和矿物质,特别是维生素A、维生素D、维生素E和磷、锰等,能量在实践中容易满足,有时还会过量,在搭配日粮时要特别注意。为了提高精液品质和性欲，菜籽饼、棉籽饼、青贮料、食盐等要限喂，酒糟、果渣等糟粕饲料最好不喂。长期喂干草要注意补充发芽大麦或胡萝卜。

种公牛一般日喂3次，日粮等份给予，饲喂顺序是先精后粗。保证充足的清洁饮水，冬季每日饮3次，宜饮温水，夏季4～5次。要注意采精或配种前后、运动前后0.5 h内禁止饮水，以免影响公牛健康。

(2)种公牛的管理

种公牛具有记忆力强、防御反射强和性反射强的特点，管理中要大胆心细，处处留神，严禁殴打与嬉戏公牛。生人不要轻易接近，即使很熟悉和温顺的公牛也不能疏忽大意。给公牛打针时，饲养人员要回避，以免公牛记恨。

①拴系。种公牛生后6个月戴笼头，8～10月龄穿鼻环。鼻环需用皮带吊起，系于缠角带上。缠角带最好用结实的滚缰皮缠牢。缠角带拴有两条细铁链，通过鼻环左右分开，拴系在两侧的立柱上。注意牢固拴系，严防脱缰。

②编号。多用耳标法。编号方法按照国家规定进行，并做好登记。

③牵引。种公牛的牵引应坚持双绳牵引，一人在牛的左侧，另一人在牛的后面。人和牛应保持适当的距离。对性情不温顺的公牛，须用钩棒进行牵引。

④运动。种公牛必须坚持运动。实践表明，运动不足或长期拴系，会使公牛的性情变坏、精液品质下降、患肢蹄病和消化系统疾病等。要求上、下午各运动一次，每次1.5～2 h，行走距离4 km左右。运动方式有钢丝绳运动、旋转牵引、拉车或拉爬犁等。

⑤刷拭。刷拭是管理种公牛的重要操作项目之一。要坚持每天定时进行刷拭1～2次；可安排在喂饲前进行，以免牛毛及尘土落入饲槽。刷拭要细致，牛体各部位的尘土污垢要清除干净。刷拭的重点是角间、额、颈和尾根部，这些部位易藏污垢，发生奇痒，如不及时刷拭，往往使牛不安甚至养成顶人的恶癖。

⑥按摩睾丸。按摩睾丸是特殊的操作项目。每天坚持一次，与刷拭结合进行。每次 5～10 min。为了改善精液品质，可增加一次，按摩时间可适当延长。

⑦护蹄。应保持蹄壁和蹄叉的清洁，对蹄形不正的牛要及时修削矫正。为防止蹄壁破裂可涂凡士林或无刺激油脂。

⑧防暑。公牛一般耐热性能较差，当气温上升到 30℃以上时，往往会影响公牛精液品质，需采取防暑措施。夏季可进行洗浴，以防暑散热，同时清洁皮肤。

(3)种公牛的利用

合理利用公牛是保持健康和延长使用年限的重要措施，种公牛开始采精的年龄依品种、生长发育等而有所不同。一般在 18 月龄开始，每月采 2～3 次，以后逐渐增加到每周 2 次。2 岁以上每周采精 2～3 次，成年公牛每周 4～5 次。要注意检查公牛的体重、体温、精液品质及性反射能力等，保持种公牛的健康。采精宜早晚进行，一般多在喂饲后或运动后 0.5 h 进行。

(二)肉牛肥育基本知识的认知

41.体重的增长规律怎样?

(1)体重的一般增长规律

在充分饲养的条件下，出生后到断奶生长速度较快，断奶至性成熟最快，性成熟后逐渐变慢，到成年基本停止生长。从年龄看，12 月龄前生长速度快，以后逐渐变慢。例如，夏洛来牛的平均日增重，初生到 6 月龄达 1.15～1.18 kg，而从 6 月龄到 12 月龄平均日增重下降到 0.5 kg。生长发育最快的时期也是把饲料营养转化为体重的效率最高的时期。掌握这个特点，在生长较快的阶段给予充分的营养，便可在增重和饲料转化率上获得最佳的经济效果。

(2)补偿生长

在生产实践中,常见到牛在生长发育的某个阶段,由于饲料不足造成生长速度下降,一旦恢复高营养水平饲养时,则其生长速度比未受限制饲养的牛只要快,经过一定时期的饲养后,仍能恢复到正常体重,这种特性叫补偿生长,如图 3-1 所示。

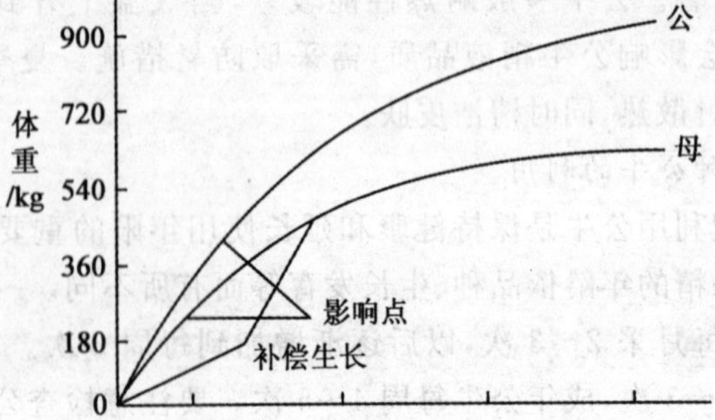

图 3-1 补偿生长曲线

根据这一特性,生产中我们常选择架子牛进行育肥,往往获得更高的生长速度和经济效益。但需注意,补偿生长不是在任何情况下都能获得的,如:

①生长受阻若发生在初生至 3 月龄或胚胎期,以后很难补偿;

②生长受阻时间越长,越难补偿,一般以 3 个月内,最长不超过 6 个月补偿效果较好;

③补偿能力与进食量有关,进食量越大,补偿能力越强;

④补偿生长虽能在饲养结束时达到所要求的体重,但总的饲料转化率低,体组织成分要受到影响,比正常生长骨比例高,脂肪比例低。

(3)体组织的生长规律

牛体组织的生长直接影响到体重、外形和肉的质量。肌肉、脂肪和骨为三大主要组织。

①肌肉的生长。从初生到 8 月龄快速生长;8～12 月龄生长

速度减缓,18 月龄后更慢。肉的纹理随年龄增长而变粗,因此青年牛的肉质比老年牛嫩。

②脂肪的生长。12 月龄前较慢,稍快于骨,以后变快。生长顺序是先贮积在内脏器官附近,即网油和板油,使器官固定于适当的位置,然后是皮下,最后沉积到肌纤维之间形成“大理石”花纹状肌肉,使肉质变的细嫩多汁,说明“大理石”状肌肉必须饲养到一定肥度时才会形成。老年牛经肥育,使脂肪沉积到肌纤维间,亦可使肉质变好。

③骨骼的生长。骨骼在胚胎期生长速度快,出生后生长速度变慢且较平稳,并最早停止生长。

42.肉牛的肥育方法有哪些?

牛的肥育有持续肥育和后期集中肥育两种方法。

(1)持续肥育

持续肥育是指犊牛断奶后,立即转入肥育阶段进行肥育,一直到出栏体重(12～18 月龄,体重 400～500 kg)。既可采用放牧加补饲的肥育方式,也可以采用舍饲拴系肥育方式。持续肥育由于在饲料利用率较高的生长阶段保持较高的增重,日粮中的精料大约可占总营养物质的50%以上。生产的牛肉鲜嫩,仅次于小白牛肉,而成本较犊牛肥育低,是一种很有推广价值的肥育方法。

①放牧加补饲持续肥育法。在牧草条件较好的牧区,犊牛断奶后,以放牧为主,根据草场情况,适当补充精料或干草,使其在 18 月龄体重达 400 kg。要实现这一目标,随母牛哺乳阶段,犊牛平均日增重达到 0.9～1 kg,冬季日增重保持 0.4～0.6 kg,第二个夏季日增重在 0.9 kg。在枯草季节。对杂交牛每天每头补喂精料 1～2 kg。放牧时应做到合理分群,每群 50 头左右,分群轮牧。在我国,1 头体重 120～150 kg 牛需 1.5～2 hm^2 草场,放牧肥育时间为当年 5～11 月份。放牧时要注意牛的休息和补盐。夏季防暑,狠抓秋膘。

②放牧舍饲持续肥育法。此种肥育方法适应于9～11月份出生的秋犊。犊牛出生后随母牛哺乳或人工哺乳，哺乳期日增重0.6 kg。断奶时体重达到70 kg。断奶后以喂粗饲料为主，进行冬季舍饲，自由采食青贮料或干草，日喂精料不超过2 kg，平均日增重0.9 kg，到6月龄体重达到180 kg。然后在优良牧草地放牧(此时正值4～10月份)，要求平均日增重保持0.8 kg。到12月龄可达到325 kg。转入舍饲，自由采食青贮料或青干草，日喂精料2～5 kg，平均日增重0.9 kg，到18月龄，体重达490 kg。

③舍饲持续肥育法。舍饲持续肥育法，首先制定生产计划，然后按阶段进行饲养。犊牛断奶后即进行持续肥育，犊牛的饲养取决于培育的强度和屠宰时的月龄。强度培育和12～15月龄牛需要提供较高的饲养水平，以使肥育牛的平均日增重在1 kg以上。制订肥育生产计划，按阶段饲养就是按肉牛的生理特点、生长发育规律及营养需要特征将整个肥育期分成2～3个阶段，分别采取相应的饲养管理措施。

(2)后期集中肥育

对2岁左右未经肥育的或不够屠宰体况的牛，在较短时间内集中较多精料饲喂，让其增膘的方法称为后期集中肥育。这种方法对改良牛肉品质、提高肥育牛经济效益有较明显的作用。后期集中肥育有放牧加补饲法、秸秆加精料日粮类型的舍饲肥育、青贮料日粮类型舍饲肥育及酒糟日粮类型舍饲肥育等方法。

①放牧舍饲肥育法。以充分利用当地资源为主，投入少，效益高。我国牧区、山区可采用此法。对6月龄未断奶的犊牛，7～12月龄半放牧半舍饲。每天补饲玉米0.5 kg、生长素20 g、人工盐25 g、尿素25 g、补饲时间在晚8时以后；13～15月龄放牧；16～18月龄经驱虫后，进行强度肥育，整天放牧，每天补喂精料1.5 kg、尿素50 g、生长素40 g、人工盐25 g，另外适当补饲青草。

一般青草期肥育牛日粮，按干物质计算，料草比为1∶(3.5～4.0)，饲料总量为体重的2.5%。青饲料种类应在2种以上，混合精料应含有能量、蛋白质饲料和钙、磷、食盐等。每千克混合精料的养分含量为：干物质 894 g、增重净能 1.089 MJ、粗蛋白质 164 g、钙 12 g、磷 9 g。强度肥育前期，每头牛每天喂混合精料 2 kg，后期喂 3 kg，精料日喂 2 次，粗料补饲 3 次，可自由采食。我国北方省份 11 月份以后进入枯草季节，继续放牧达不到肥育的目的。应转入舍内进行全舍饲肥育。

②氨化秸秆——精料肥育法。农区有大量作物秸秆，是廉价的饲料资源。秸秆经过化学、生物处理后提高其营养价值，改善适口性及消化率。秸秆氨化技术在我国农区推广范围最大，效果较好。经氨化处理后的秸秆粗蛋白可提高 1～2 倍，有机物质消化率可提高 20%～30%，采食量可提高 15%～20%。以氨化秸秆为主加适量的精料进行肉牛肥育，各地都进行了大量研究和推广。

③青贮饲料—精料肥育法。在广大农区，可作青贮用的原料易得，有资料显示，我国有可供青贮用的农作物副产品 10 亿 t 以上，用于青贮的只有很少部分。若能提高到 20%。则每年可节省饲料粮 3 000 万 t，青贮玉米是肥育肉牛的优质饲料，在低精料水平条件下，饲喂青贮料能达到较高的增重。玉米秸在尚未成枯秸之前青贮保存，仍为肉牛饲养的优质精料，加喂一定量粗料进行肉牛肥育仍能获得较好的增重效果。

世界各国特别是人多地少的国家充分利用粗饲料进行低精料饲养。如美国一般农户都是把断奶后肉用犊牛在优质草场上放牧，每天补饲少量精料，宰前数月转移到玉米带用精料短期育肥。英国 95%的育肥牛市采用 1～2 个夏季放牧，18 或 24 月龄育肥后出栏。新西兰肉牛生产终年放牧，实行轮牧制，冬季补一点青贮与干草，不补精料，2 岁出栏重可达 500 kg。

我国人多地少，粮食资源极其有限。充分、有效地利用农作物秸秆和其他粗饲料资源发展节粮型牛肉生产，特别是架子牛生产，是我国发展肉牛产业的根本出路。我国可利用的农作物秸秆每年近 6 亿 t(按风干重计)，但用作饲料的比例目前只有 25%左右，其中经各种处理后利用的秸秆仅占总量的5%左右。

43.育肥牛的一般饲养管理技术有哪些?

(1)饲喂技术

①饲喂时间。牛在黎明和黄昏前后,是每天采食最紧张的时刻,尤其在黄昏采食频率最大。因此,无论舍饲还是放牧,早晚两头是喂牛的最佳时间。

多数牛的反刍时间在黑夜进行,特别是天刚黑时,反刍活动最为活跃。因此在夜间应尽量减少干扰,使其充分消化粗饲料。

②饲喂次数。肉牛的饲喂可采用自由采食或定时定量饲喂两种方法。我国肉牛专家蒋洪茂等的研究表明,犊牛、架子牛自由采食的饲喂效果均优于定时定量饲喂;目前,我国肉牛企业多采用每天饲喂2次的方法。

自由采食牛可根据其自身的营养需求采食到足够的饲料,达到最高增重,并能有效节约劳动力,一个劳动力可管理100～150头牛,同时也便于大群管理,适合机械化、电子化管理。而采用定时定量饲喂时,牛不能根据自身要求采食饲料。因此,限制了牛的生长发育速度。但饲料浪费少,粗饲料利用量高,并便于观察牛只采食、健康状况。

③饲喂顺序。随着饲喂机械化程度越来越高,应逐渐推广全混合日粮(TMR)喂牛,提高牛的采食量和饲料利用率。

不具备条件的牛场,可采用分开饲喂的方法。为保持牛的旺盛食欲,促其多采食,应遵循"先干后湿,先粗后精,先喂后饮"的饲喂顺序,坚持少喂勤添、循环上料,同时要认真观察牛的食欲、消化等方面的变化,及时做出调整。

④饲料更换。在育肥牛的饲养过程中,随着牛体重的增加,各种饲料的比例也会有调整,在饲料更换时应采取逐渐更换的办法,应该有3～5 d的过渡期。在饲料更换期间,饲养管理人员要勤观察,发现异常,应及时采取措施。

⑤饮水。育肥牛采用自由饮水法最为适宜。在每个牛栏内装有能让牛随意饮到水的装置，位置最好设在牛栏粪尿沟的一侧或上方。冬季北方天冷，只能定时饮水，但每天至少3次。

⑥新引进牛只的饲养。对新引进牛只饲养，重点是解除运输应激，使其尽快适应新的环境。

a. 及时补水。牛经过长距离、长时间的运输，胃肠食物少，体内缺水严重。因此对牛补水是首要的工作。补水方法是：第一次补水，饮水量限制在15～20 kg，切忌暴饮，每头牛补食盐100 g；间隔3～4 h后，第二次饮水，此时可自由饮水，水中掺些麸皮效果会更好。

b. 日粮逐渐过渡到育肥日粮。开始时，只限量饲喂一些优质干草，每头牛4～5 kg，加强观察，检查是否有厌食、下痢等症状。第二天起，随着食欲的增加，逐渐增加干草喂量，添加青贮、块根类饲料和精饲料，经5～6 d后，可逐渐过渡到育肥日粮。

c. 给牛创造舒适的环境。牛舍要干净、干燥，不要立即拴系，宜自由采食。围栏内要铺垫草，保持环境安静，让牛尽快消除倦躁情绪。

⑦育肥期的分阶段饲养。生产中常把育肥期分成两个阶段，即生长肥育阶段和成熟育肥阶段。具体饲喂方法是：

a. 生长肥育期。饲喂富含蛋白质、矿物质、维生素的优质粗料、青贮饲料，保持良好生长发育的同时，使消化器官得到锻炼。因为该阶段的重点是促进架子牛的骨骼、内脏、肌肉的生长，所以，此阶段精饲料喂量要限制，喂量为架子牛活重的1.5%～1.6%。该阶段日增重不宜追求过高，每头日增重0.7～0.8 kg为宜。

b. 成熟肥育期。架子牛经生长肥育期的饲养，骨骼已发育完好，肌肉也有相当程度的生长。因此，此期的饲养任务主要是改善牛肉品质，增加肌肉纤维间脂肪的沉积量。肉牛日粮中粗饲料的比例不宜超过30%～40%，日采食量达到牛活重的2.1%～2.2%，在屠宰前100 d左右，日粮中增加大麦粉或饲喂啤酒糟，进一步改善牛肉品质。肉牛生产过程中，最后脂肪的沉积程度，根据牛肉生产的需要来确定。高档牛肉生产，需要有足够的脂肪沉积。

(2)管理技术

①合理分群。育肥前应根据育肥牛的品种、体重大小、性别、年龄、体质强弱及膘情情况合理分群。采用圈群散养时，一群牛头数15～20头为宜。牛群过大易发生争斗，过小不利于劳动生产力的提高，临近夜晚时分群易成功，同时要有人不定时的观察，防止争斗。

②及时编号。编号对生产管理、称重统计和防疫治疗工作都具有重要意义。编号可在犊牛出生时进行，也可在育肥前进行。采用易地育肥时，应在牛购进场后立即编号，并换缰绳。编号方法多采用耳标法。

③定期称重。增重是肉牛生产性能高低的重要指标。为合理分群和及时了解育肥效果，要进行肥育前称重、肥育期称重及出栏称重。肥育期最好每月称重1次，既不影响育肥效果，又可及时挑选出生长速度慢甚至不长的牛，随时处理。称重一般是在早晨饲喂前空腹时进行，每次称重的时间和顺序应基本相同。由于实际称重较繁琐，所以生产中多采用估测法估测体重。

④限制运动。到肥育中、后期，每次喂完后，将牛拴系在短木桩或休息栏内，缰绳系短，长度以牛能卧下为宜，缰绳长度一般不超过80 cm，以减少牛的活动消耗，提高育肥效果。此期牛在运动场的目的，主要是接受阳光和呼吸新鲜空气。

⑤每天刷拭牛体。随着肉牛肥育程度加大，其活动量越来越小。坚持每天上下午刷拭牛体各1次，每次5～10 min。以增加血液循环，提高代谢效率。

⑥定期驱虫。寄生虫病的发生具有地方性、季节性流行特征，且具有自然疫源性，因此，加强预防尤为重要。肉牛转入育肥期之前，应做一次全面的体内外驱虫和防疫注射；育肥过程中及放牧饲养的牛都应定期驱虫。外购牛经检查健康后方可转入生产牛舍。

下面提供预防肉牛寄生虫病的用药程序,仅供参考。

3月,丙硫唑口服,驱杀体内由越冬幼虫发育而成的线虫、吸虫及绦虫成虫。

5月,氨丙啉或磺胺喹啉口服,预防夏季球虫病发生。

6月,定期(可每周1次)用敌杀死等溶液喷雾进行环境消毒,以驱杀蚊蝇。

7月,丙硫咪唑口服,防治夏季线虫、吸虫及绦虫感染。

10月,阿维菌素口服,预防当年10月至次年3月间牛的疥癣、虱等体外寄生虫病的发生,同时可杀灭体内当年繁殖的幼虫、成虫。

寄生虫病的治疗,要采取"标本兼治,扶正祛邪"的原则,采用特效药物驱虫和对症治疗。使用驱虫、杀虫药物要剂量准确、对症。在进行大规模、大面积驱虫工作之前,必须先小群试验,取得经验并肯定其药效和安全性后,再开展全群的驱虫工作。

⑦加强防疫、消毒工作。每年春秋检疫后对牛舍内外及用具进行消毒;每出栏一批牛,都要对牛舍进行一次彻底清扫消毒;严格防疫卫生管理,谢绝参观;结合当地疫病流行情况,进行免疫接种。

⑧适时去势。现在,国际上育肥牛场普遍采用不去势公牛育肥。2岁前的公牛宜采取公牛肥育、生长快、瘦肉率高,饲料报酬高;2岁以上的公牛及高档牛肉的生产,宜去势后肥育,否则不便管理,会使肉脂有膻味,影响胴体品质。如需要去势,去势时间最好在育肥开始前进行。无论有血去势还是无血去势,愈合恢复的时间大约在半个月,这期间牛的生长缓慢,而且只有正常恢复状况的牛只,方可进入育肥期。

⑨及时出栏。判断肉牛最佳肥育结束期,及时出栏,对提高养殖经济效益及保证牛肉品质都具有极其重要的意义。判断肉牛是否达到最佳肥育结束期,一般有以下几种方法:

A.从肉牛采食量来判断:在正常肥育期,肉牛的饲料采食量

有规律可循,即:

a. 绝对日采食量随着肥育期的增加而下降,如下降量达正常量的 1/3 或更少;

b. 按活重计算,日采食量(以干物质为基础)为活重的 1.5% 或更少。这时认为已达到肥育的最佳结束期。

B. 用肥育度指数来判断:利用活牛体重和体高的比例关系来判断,指数越大,肥育度越好。但也不是无止境的,据日本的研究认为,阉牛的肥育指数以 526 为最佳。具体计算方法:

$$肥育度指数=\frac{体重(kg)}{体高(m)}\times 100\%$$

C. 从肉牛体型外貌来判断:利用肉牛各个部位脂肪沉积程度进行判断,主要部位有:胸垂部脂肪的厚度,腹肋部脂肪的厚度,腰部脂肪的厚度,坐骨部脂肪的厚度,下肷部内侧、阴囊部脂肪的厚度。

判断的标准:

a. 必须有脂肪沉积的部位是否已有脂肪及脂肪量的多少。

b. 脂肪不多的部位如坐骨端、腹肋部、腰角部沉积的脂肪是否厚实、均衡。实践证明,当胴体皮下脂肪的厚度达到 3.5 cm 时,肉的大理石花纹等级最高,即肉的质量最好。

44. 如何对非蛋白质含氮料科学地应用?

牛可利用非蛋白氮(NPN)中的氮素,合成大量优质菌体蛋白,成为其蛋白尽营养的重要来源之一,因此,饲料中添加少量非蛋白氮,可大量节省蛋白质饲料,降低成本。非蛋白质含氮料主要包括尿素、碳铵等。尿素是应用最广、最早的一种非蛋白氮饲料。

(1)尿素的使用方法

最常用的方法,是将尿素与精饲料均匀混合后饲喂。此外还有做成糊化淀粉尿素以及尿素青贮、尿素喷洒草场等方法。

①直接与精料混合。先将尿素溶于少量水溶解，然后拌于精料中，搅拌均匀。按照体重计，每100 kg体重喂20～30 g；按精料计算占2%～3%；按日粮干物质计，则为1%。生长肉牛的最大日喂量为68 g，肥育肉牛的最大日喂量不超过100 g。

②尿素砖。同饲料盐砖一样，用尿素做成砖块，让牛自由舔食，是放牧条件下补充蛋白质的一种简易方法。尿素盐块的成分构成是：尿素40%、食盐47.5%、糖蜜10%（提高适口性）、磷酸钠2.5%和少量的钴。牛在采食干草后往往立即舔食尿素盐砖，每日舔食量：2岁牛约200 g，1岁牛约120 g。在夏季青草放牧季节，喂舔剂的牛增重较快。为了使尿素水解速度不致过快，尿素砖最好放在离水源较远的地方。尿素砖应避免雨淋或变软，否则会使牛采食过多。

③糊化淀粉尿素。因为糊化淀粉可以为瘤胃微生物合成菌体蛋白质提供必要的能量和碳架支持。所以淀粉能有效地帮助瘤胃微生物将氨转化为蛋白质，其中，熟淀粉比生淀粉效果更好。根据这一原理，研制成功了一种糊化淀粉尿素。制作方法是：

将粉碎的高淀粉谷物饲料（如玉米、高粱等，占75%）与尿素（占25%）混合后，通过一个特制的挤压锅，在一定湿度、温度和压力下，使淀粉糊化，尿素扩展在其中。该方法可以使淀粉接近于完全糊化。

(2)添加尿素时应注意的问题

在肉牛饲料中添加尿素时，要注意的核心问题是在提高牛对其利用率的同时避免氨中毒。为此，在实际生产中要注意以下几个方面：

①每天饲用的尿素总量要分多次饲喂，每次喂量不可过大，有利于稳定瘤胃氨的浓度，避免浪费和中毒。

②尿素不能单独饲喂或溶于水中饲喂，喂后1 h不能饮水，以

避免尿素直接流入皱胃，引起中毒。

③精料中添加尿素饲喂时，不能同时喂生豆饼，因豆饼中含有脲酶，在有水的情况下，加速尿素分解，造成损失。

④喂尿素应有2～3周的过渡期，喂量由少至多逐渐增加。

⑤由于尿素适口性差，因此，最好将尿素加在混合精料内饲喂，或者同淀粉类饲料、食盐等矿物质饲料制成尿素矿物质饲料砖，供牛舔食，或制成含尿素0.5%左右的青贮玉米料饲喂。

⑥日粮配合应合理。日粮中能量水平高、蛋白质水平低（低于12%）时添加非蛋白氮效果好，而当日粮中蛋白质水平超过14%时，添加后效果不明显。

⑦尿素安全用量不要超过日粮干物质的1%。500 kg左右的成年牛的喂量，每天100 g左右（按20～30 g/100 kg体重计算），并且要混合均匀。

⑧尿素只能在瘤胃机能成熟后添加。犊牛不能饲喂非蛋白质含氮料。过早添加易引起尿素中毒。

⑨喂后应注意观察。牛喂尿素一般不会发生中毒，但如果饲喂方法不当则可能发生。对中毒的牛只，应立即停喂尿素，并及时抢救。

值得一提的是，尿素虽然是一种很好的蛋白质补充料，可以为牛提供氮素，但却不能提供其他营养。因此，利用尿素补充蛋白质时，必须同时补充能量、矿物质和维生素，才能收到应有的效果。

（三）小牛肉生产技术

45. 小白牛肉生产技术要点是什么？

所谓小白牛肉，是指犊牛从出生到出栏，经过90～100 d，完全用脱脂乳或代用乳饲养，不喂任何其他饲料，让牛始终保持单胃

(真胃)消化和贫血状态(食物中铁含量少),体重达 100 kg 左右屠宰后获得的牛肉。牛肉呈白色,柔嫩多汁,味道极为鲜美,是牛肉中的上品。其价格是一般牛肉的 8～10 倍。因小白牛肉生产成本过高,目前我国生产还很少。其生产的具体方法是:

(1)犊牛选择

犊牛要选择优良的肉用品种、乳用品种、兼用品种或高代杂交牛所生的公牛犊。要求初生重为 38～45 kg,生长发育快,身体健康,消化吸收功能强。

(2)育肥技术

犊牛出生后 1 周内,一定要吃足初乳。出生 3 d 后应与母牛分开,实行人工哺乳,每日哺喂 3 次。近年来多采用代乳粉(严格控制其中含铁量)饲喂,以降低生产成本。育肥期平均日增重 0.8～1.0 kg。饲养方案如表 3-1 所示。

表 3-1　小白牛肉生产方案

(选自宋连喜《牛生产》,2007)

日龄/d	日喂乳量/kg	需乳总量/kg	日增重/kg
1～30	6.4	192.0	0.80
31～45	8.8	133.0	1.07
46～100	9.5	513.0	0.84

(3)管理技术

牛栏多采用漏粪地板,不要接触泥土。圈养,每栏 10 头,每头占地 2.5～3.0 m^2。舍内要求光照充足,干燥,通风良好,温度在 15～20℃。

46. 小牛肉生产技术要点是什么?

小牛肉是犊牛出生后饲养至 7～8 月龄或 12 月龄以前,以乳为主,辅以少量精料培育,体重达到 250～400 kg 屠宰后获得的牛肉。小牛肉分大胴体和小胴体。犊牛育肥至6～8月龄，体重达到250～300 kg，屠宰率58%～62%，胴体重130～150 kg称为小胴体。如果育肥至8～12月龄屠宰活重达到350 kg以上，胴体重200 kg以上，则称为大胴体。牛肉要求多汁，肉质呈淡粉红色，胴体表面均匀覆盖一层白色脂肪。小牛肉是理想的高档牛肉，发展前景十分广阔。生产的具体方法是：

(1)犊牛选择

选择早期生长发育速度快的牛品种，如肉用牛的公犊和淘汰母犊。目前，在我国还没有专门化肉牛品种的条件下，应选择荷斯坦奶牛公犊和肉用牛与本地牛高代杂交犊牛为主。性别以公犊牛为佳，不去势，要求初生重在35 kg以上，健康无病，无缺损。

(2)育肥技术

小牛肉生产实际是育肥与犊牛的生长同期。犊牛出生后3 d内可以采用随母哺乳，也可以采用人工哺乳，但出生3 d后必须改由人工哺乳，1月龄内按体重的8%～9%喂给牛奶。精料量从7～10日龄开始练习采食后逐渐增加到0.5～0.6 kg，青干草或青草任其自由采食。1月龄后喂奶量保持不变，精料和青干草则继续增加，直至育肥到6月龄为止。可以在此阶段出售，也可继续育肥至7～8月龄或1周岁出栏。出栏时期的选择，根据消费者对小牛肉口味喜好的要求而定。

(3)管理技术

犊牛在4周龄前要严格控制喂奶速度、奶温(37～38℃)及奶的卫生等，以防消化不良或腹泻。5周龄以后可拴系饲养，减少运动，每日晒太阳3～4 h。夏季要防暑降温，冬季室内饲养(最佳温度18～20℃)。每天应刷拭一次，保持牛体卫生。犊牛在育肥期内每天喂2～3次，自由饮水，夏季饮凉水，冬季饮20℃左右温水。饲养方案见表3-2。

表 3-2 小牛肉生产方案

(选自宋连喜《牛生产》,2007)

周龄	始重/kg	日增重/kg	日喂乳量/kg	配合饲料喂量/kg	青干草喂量/kg
0～4	50	0.95	8.5	自由采食	自由采食
5～7	76	1.20	10.5	自由采食	自由采食
8～10	102	1.30	13.0	自由采食	自由采食
11～13	129	1.30	14.0	自由采食	自由采食
14～16	156	1.30	10.0	自由采食	自由采食
17～21	183	1.35	8.0	自由采食	自由采食
22～27	232	1.35	6.0	自由采食	自由采食
合计			1 767.5	300	300

(四)架子牛肥育技术

47.架子牛肥育前做哪些准备工作?

架子牛通常是指未经肥育或不够屠宰体况的牛,这些牛常需从农场或农户选购至育肥场进行肥育。架子牛的快速育肥是指犊牛断奶后,在较粗放的饲养条件下饲养到一定的年龄阶段,然后采用强度育肥方式,集中育肥3～6个月,充分利用牛的补偿生长能力,达到理想体重和膘情时屠宰。架子牛肥育是目前我国肉牛育肥的主要方式。

(1)架子牛的选择

牛肥育前的状况与肥育速度和牛肉品质关系很大,是确保肥育效率的首要环节。因此,在选择架子牛时要考虑品种、年龄、体重、性别、体质外貌、健康状况及市场价格等因素。

①品种。首先要选良种肉牛或肉乳兼用牛及其与本地牛的杂种,其次选荷斯坦公牛及其与本地牛的杂交后代,或秦川牛、南阳

牛、鲁西牛、晋南牛等地方良种黄牛。这类牛增重快，瘦肉多，脂肪少，饲料转化率高。

②年龄和体重。牛的增重速度、胴体质量、饲料报酬均与牛的年龄密切相关。架子牛的年龄最好是 1.5～2.0 岁或 15～21 月龄。一般认为，架子牛在同一年龄阶段，体重越大，体况越好，育肥时间就越短，育肥效果也好。一般杂种牛在一定的年龄阶段其体重范围大致为：6 月龄体重为 120～180 kg，12 月龄体重为 180～250 kg，18 月龄体重为 220～310 kg，24 月龄体重为 280～380 kg。

究竟购买什么年龄的牛饲养较为合适，还要与以下几方面结合考虑：

首先，计划饲养 100～150 d 出售的，应选择 l～2 岁的架子牛；其次，秋天购架子牛第二年出栏的，应选购 1 岁左右的牛较合适；第三，利用大量粗饲料育肥牛时，以购 2 岁左右的牛为好；

③性别。选择性别顺序依次为公牛、阉牛、母牛。因为公牛的生长速度和饲料利用率要高于阉牛 5%～10%，阉牛高于母牛 10%左右。公牛有较多的瘦肉和较大的眼肌面积，而阉牛和母牛脂肪较多。但不宜选购年龄过大(超过 2.0～2.5 岁)的架子公牛。

④体型外貌。育肥牛选择要以骨架选择为重点，而不过于强调其膘情的好坏。具体要求：嘴阔、唇厚，上、下唇对齐，坚强有力，采食能力强；体高身长，胸宽而深，尻部方正，背腰宽广，后裆宽，十字部略高于体高，载肉面积大；皮肤松弛柔软，皮毛柔软密实，牛生长潜力大；四肢粗壮，蹄大有力，性情温顺；身体健康，身体虽有一定缺陷，但不影响其采食，消化正常，也可用于肥育生产。对发育虽好，但性情暴躁、富有神经质的牛，饲料利用率低，不宜入选。

⑤健康状况。架子牛的健康状况要从以下几个方面加以注意。

一看精神状态：牛精神不振，两眼无神，眼角分泌物多，胆小易惊，鼻镜干燥，行动倦怠，这种牛很可能健康状况不佳；二看发育情况：若牛被毛粗乱，体躯短小，浅胸窄背、尖尾，表现出严重饥饿，营养不良,说明早期可能生过病或有慢性病,生长发育受阻,不宜选购。三看肢蹄:看牛站立和走路的姿势,检查蹄底。若出现肢蹄疼痛,肢端怕着地,抬腿困难,前肢、后肢表现明显的"X"形或"O"形,或蹄匣不完整,要谨慎选购,当拴系饲养,地面较硬时,该病可导致牛中途淘汰;四看有无其他疾病:观察牛的采食、排便、反刍等。初步确立是否患有消化道疾病等。

⑥市场调查。了解市场牛源、品种、价格和疫区情况,选择合适的地点,还要考虑价格合理。为了保证架子牛采购工作的顺利进行,育肥场应安排专人负责这项工作。

(2)架子牛的运输

牛在异地运输过程中,要证件齐全,如准运证、税收证、兽医卫生健康证(包括非疫区证明、检疫证)等,并要注意运输应激的预防。为减少牛应激的损失,可采用如下措施:

①口服或注射维生素 A。运输前 2～3 d 开始,每头牛每日口服或注射维生素 A 2.5×10^5～1.0×10^6 IU。

②装运前合理饲喂。具有轻泄性的饲料(如青贮饲料、麸皮、新鲜青草),在装运前 3～4 h 就应停止饲喂,否则容易引起腹泻,排尿过多,污染车厢和牛体。装运前 2～3 h,架子牛亦不宜过量饮水。

③装运过程中。切忌任何粗暴行为或鞭打牛只,否则可导致应激反应加重。

④合理装载。用汽车装载时,每头牛按体重大小应占有的面积是:300 kg 以下为 0.7～0.8 m^2;300～350 kg 为 1.0～1.1 m^2,400 kg 为 1.2 m^2,500 kg 为 1.3～1.5 m^2。

(3)新购进架子牛的饲养管理

对新引进牛只饲养,重点是解除运输应激,使其尽快适应新的环境。

①及时补水。牛经过长距离、长时间的运输,胃肠食物少,体内缺水严重。因此对牛补水是首要的工作。补水方法是:第一次

补水，饮水量限制在 15～20 kg，切忌暴饮，每头牛补食盐 100 g；间隔 3～4 h 后，第二次饮水，此时可自由饮水，水中掺些麸皮效果会更好，随后可采取自由饮水。

②日粮逐渐过渡到育肥日粮。开始时，只限量饲喂一些优质干草，每头牛 4～5 kg，加强观察，检查是否有厌食、下痢等症状。第二天起，随着食欲的增加，逐渐增加干草喂量，添加青贮、块根类饲料和精饲料，用青贮料时最好添加缓冲剂（碳酸氢钠），以中和酸性。每天每头可喂 2 kg 左右的精饲料，加喂 350 mg 抗生素和 350 mg 磺胺类药物，以消除运输应激反应。补充无机盐，用 2 份磷酸氢钙加 1 份盐让牛自由采食。补充 5 000 IU 维生素 A 和 100 IU 维生素 E。不喂尿素。经 5～6 d 后，可逐渐过渡到育肥日粮。

③驱虫。架子牛入栏后立即进行驱虫，在进行大规模、大面积驱虫工作之前，必须先小群试验，取得经验并肯定其药效和安全性后，再开展全群的驱虫工作。驱虫应在空腹时进行，以利于药物吸收。驱虫后，架子牛应隔离饲养 15 d，其粪便消毒后进行无害化处理。

④给牛创造舒适的环境。牛舍要干净、干燥，不要立即拴系，宜自由采食。围栏内要铺垫草，保持环境安静，让牛尽快消除倦躁情绪。

48. 怎样进行架子牛的分段饲养？

架子牛在应激时期结束后，应进入快速育肥阶段，并采用阶段饲养。如架子牛快速肥育需要 120 d 左右，可以分为 3 个育肥阶段：过渡期（约 15 d）、中期（第 16～60 天）和后期（第 61～120 天）。

（1）过渡期

此期约 15 d。对刚从草原买进的架子牛，一定要驱虫，包括驱除内外寄生虫。实施过渡阶段饲养，即首先让刚进场的牛自由采食粗饲料。粗饲料不要铡得太短，长约 5 cm。上槽后仍以粗饲料为主，可铡成 1 cm 左右。每天每头牛控制喂 0.5 kg 精料，与粗饲料拌匀后饲喂。精料量逐渐增加到 2 kg,尽快完成过渡期。

(2)中期

第 16～60 天,这时架子牛的干物质采食量要逐步达到 8 kg,日粮粗蛋白质水平为 11%,精粗比为 6∶4(按干物质重量比较),日增重 1.3 kg 左右。精料参考配方为:70%玉米粉、20%棉仁饼、10%麸皮。每头牛每天补充 20 g 食盐和 50 g 添加剂。

(3)后期

第 61～120 天,此期干物质采食量达到 10 kg,日粮粗蛋白质水平为 10%,精粗比为 7∶3(按干物质重量比较),日增重 1.5 kg 左右。精料参考配方为:85%玉米粉、10%棉仁饼、5%麸皮。每头牛每天补充 30 g 食盐和 50 g 添加剂。

架子牛的肥育可采用自由采食或定时定量饲喂两种方法。表 3-3 和表 3-4 是阶段肥育牛的日粮配方和不同体重阶段粗料与精料用量,供参考。

表 3-3 不同阶段每头牛饲料日喂量参考值

(选自王根林《养牛学》,2006) kg/d

阶段/d	玉米粉	豆饼	磷酸氢钙	微量元素	食盐	碳酸氢钠	氨化稻草
前期(15)	2.5	0.25	0.060	0.030	0.05	0.05	20
中期(16～60)	4.0	1.0	0.070	0.030	0.05	0.05	17
后期(61～120)	5.0	1.5	0.070	0.035	0.05	0.08	15

表 3-4 不同体重阶段粗料和精料用量参考值

(选自王根林《养牛学》,2006) kg

体重	250～350	350～450	450～550	550～650
精料	2～3	3～4	4～5	5～6
酒糟(鲜)	10～12	12～14	14～16	16～18
青贮(鲜)	10～12	12～14	14～16	16～18

49.架子牛管理要点有哪些?

(1)合理分群

育肥前应根据育肥牛的品种、体重大小、性别、年龄、体质强弱及膘情情况合理分群。采用圈群散养时,一群牛头数15~20头为宜。牛群过大易发生争斗,过小不利于劳动生产力的提高,临近夜晚时分群易成功,同时要有人不定时的观察,防止争斗。

(2)及时编号

架子牛购进场后应立即编号,编号方法多采用耳标法。

(3)定期称重

肥育期最好每月称重1次,以便了解牛群的增重情况,随时淘汰处理病牛等不增重或增重慢的牛。称重一般是在早晨饲喂前空腹时进行,每次称重的时间和顺序应基本相同。由于实际称重较繁琐,所以生产中多采用估测法估测体重。

(4)限制运动

育肥架子牛可采用短缰拴系,限制活动。

(5)刷拭牛体

每天刷拭两次,有利于皮肤健康,促进血液循环,以改善肉质。

(6)定期驱虫

寄生虫病的发生具有地方性、季节性流行特征,且具有自然疫源性,因此,加强预防尤为重要。

(7)加强防疫、消毒工作

每年春秋检疫后对牛舍内外及用具进行消毒;每出栏一批牛,都要对牛舍进行一次彻底清扫消毒;严格防疫卫生管理,谢绝参观;结合当地疫病流行情况,进行免疫接种。

(8)适时去势

2岁前的公牛宜采取公牛肥育、生长快、瘦肉率高,饲料转化率高;2岁以上的公牛及高档牛肉的生产,宜去势后肥育,否则不便管理,会使肉脂有膻味,影响胴体品质。如需要去势,去势时间最好在育肥开始前进行。无论有血去势还是无血去势,愈合恢复的时间大约在半个月,这期间牛的生长缓慢,而且只有正常恢复状况的牛只,方可进入育肥期。现在国际上育肥牛场普遍采用不去势公牛育肥。

(9)经常观察反刍情况、粪便、精神状态,如有异常应及时处理

(10)及时出栏

达到市场要求体重则出栏,一般活牛出栏体重为 450 kg,高档牛肉则为 550～650 kg。在管理中,不要等到一大批牛全部育肥达标时再出栏,可将达标牛分批出栏,以加快牛群的周转,降低饲养成本。

(五)成年牛肥育技术

50.肥育成年牛的特点是什么?

用于肥育的成年牛往往是役牛、奶牛和肉用母牛群中的淘汰牛。这类牛一般年龄较大,产肉率低,肉质差,经过肥育,增加肌肉纤维间的脂肪沉积,以改善肉的味道和嫩度。

51.成年牛肥育技术要点是什么?

(1)健康检查

肥育前要进行全面检查,将患消化道疾病、传染病及过老、无齿、采食困难的牛只剔除。

(2)驱虫

老年牛的体内外寄生虫较多,在育肥前,要有针对性的进行驱虫。

(3)健胃

经过驱虫,对食欲不旺、消化不良的牛,需投服健胃药,以增进

食欲，促进消化。

(4)育肥期限

成年牛育肥期限以60～90 d为宜。最好进行舍饲强度育肥。

(5)饲料选择

成年牛主要是增加体内脂肪的沉积，日粮以能量饲料为主，其他营养物质只要满足基本生命活动的需要即可。一般日粮精料配方为玉米72%，油饼类15%，糠麸8%，矿物质5%。混合精料的日喂量以体重的1%为宜。粗饲料以青贮玉米或氨化秸秆为主，任其自由采食。精料要磨碎或蒸煮处理。日粮中可补饲一定量的尿素。

(6)饲养技术

对膘情较差的牛，可先用营养水平较低日粮饲喂，使其适应肥育日粮，经过一个月的复膘后再提高日粮营养水平，这样可避免发生消化道疾病。附近有草坡、草场或野地的，在青草期可先将瘦牛放牧饲养，利用青草使牛复壮，然后再进行肥育，这样可节省饲料，降低成本。

(六)高档牛肉生产技术

高档牛肉是指对肥育达标的优质肉牛，经特定的屠宰和嫩化处理及部位分割加工后，生产出的特定优质部位牛肉，如牛柳、西冷和肉眼。占胴体重的6%～7%，市场售价是普通牛肉的近10倍。在生产高档牛肉的同时，还可分割出优质切块，包括尾龙扒、大米龙、小米龙、膝圆和腱子肉，占胴体重的24%～25%，售价是普通肉块的5～6倍。这两类牛肉分割包装后，主要是出口和供涉外宾馆及星级宾馆。

随着我国人民生活水平的不断提高，人们食物结构的不断改善，特别是在加入WTO后，我国国际交往将日益增多，涉外宾馆、饭店及旅游行业蓬勃发展，对高档牛肉的需求越来越多，我国的肉牛业生产优质高档牛肉将会越来越受到重视。而且必然会成为牛肉生产的主流方向。

52.生产高档牛肉对肥育牛有何要求？

生产高档牛肉，对肥育牛的要求非常严格。

(1)品种

品种的选择是高档牛肉生产的关键之一。大量试验研究证明，生产高档牛肉最好的牛源是安格斯、利木辛、夏洛来、皮埃蒙特等引入的国外专门化肉用品种与本地黄牛的杂交后代。如果用我国地方良种作母本，牛肉品质和经济效益更好。秦川牛、南阳牛、鲁西牛、晋南牛也可作为生产高档牛肉的牛源。

(2)年龄与性别

生产高档牛肉最佳的开始肥育年龄为12～16月龄，终止育肥年龄为24～27月龄，超过30月龄以上的肉牛，一般生产不出最高档的牛肉。性别以阉牛最好，阉牛虽然不如公牛生长快，但其脂肪含量高，胴体等级高于公牛，而又比母牛生长快。其他方面的要求以达到一般肥育肉牛的最高标准即可。

53.高档牛肉饲养管理要求有哪些？

优质肉牛对饲养管理的要求也较高。不同牛种对饲养的要求也不相同，杂种牛生长快，营养要求高；地方良种黄牛长速较慢，1岁左右的架子牛阶段可多用青贮、干草和切碎的秸秆，当体重300 kg以上时逐渐加大混合精料的比例。最后2个月要调整日粮，不喂含各种能加重脂肪组织颜色的草料，如大豆饼(粕)、黄玉米、南瓜、胡萝卜、青草等。多喂麦类、麸皮、米糠、马铃薯和淀粉渣等，粗料最好用含叶绿素、叶黄素较少的饲草，如玉米秸、谷草、干草等。并提高营养水平，增加饲喂次数，使日增重达到1.3 kg以上。

具体营养需要按饲养标准确定，所用饲料必须优质，不能潮湿发霉，也不允许虫蛀鼠咬。籽实类精料不能粉碎过细，青干草、青贮饲料必须正确调制，秸秆类必须氨化、揉碎。

架子牛阶段以粗饲料为主，肥育前期精粗料比以干物质计逐渐达到 60 : 40，后期高精料强度肥育时，精粗料比可增加到 80 : 20，蛋白质降至 10%，强度肥育期最少 100～150 d。管理上要特别注意保健卫生，饲料安全，防寒防暑和牛体刷拭。

54. 如何屠宰加工高档牛肉?

(1)屠宰牛的选择和宰前处理

屠宰牛要求 24～30 月龄，500 kg 以上，肥育度达到中上等以上。体形外貌为长方形，腹部不下垂，头方正而大，四肢粗壮，蹄大，尾根下平坦无沟，背平宽；手触摸肩部、胸垂部、背腰部、上腹部、臀部皮较厚，并有较厚的脂肪层。屠宰前先进行检疫，并停食 24 h，停水 8 h，称重，然后用清水冲淋洗净牛体，冬季要用 20～25℃的温水冲淋。

(2)屠宰加工

将经过宰前处理的牛牵到屠宰点，屠宰的工艺流程是：电麻击昏→屠宰间倒吊→刺杀放血→剥皮(去头、蹄和尾)→去内脏→胴体劈半→冲洗、修整、称重→检验→胴体分级编号。测定相关屠宰指标后进入下道工序。

(3)胴体嫩化

牛肉嫩度是高档与优质牛肉的重要质量指标。嫩化处理(又叫排酸或成熟)是提高嫩度的重要措施，其方法是在专用嫩化间温度 0～4℃条件下吊挂 7～9 d(称吊挂排酸)。嫩化后的胴体表面形成一层“干燥膜”，羊皮纸样感觉，pH 为 5.4～5.8，肉的横断面有汁流，切面湿润，有特殊香味，剪切值(专用嫩度计测定的嫩度)平均在 3.62 kg 以下。也可采用电刺激嫩化。

(4)胴体分割包装

严格按照操作规程和程序，将胴体按不同档次和部位进行切块分割，精细修整，快速真空包装入库速冻。高档部位肉有以下三块：

①牛柳。剥去肾脂肪后，沿耻骨的前下方把里脊头剔出，然后由里脊头向里脊尾逐个剥离腰椎横突，取下完整的里脊。

②西冷。沿最后腰椎垂直下切，再沿离眼肌腹壁一侧用刀割下，在第 9～10 胸肋处切断胸椎。然后逐个剥离腰、胸椎。

③眼肉。一端与西冷相连，另一端在第 5～6 胸椎处，剥离胸椎，抽去筋腱，在眼肌腹侧切下。

四、肉牛场成本核算与效益分析

（一）肉牛场成本核算

畜产品成本是指畜牧企业在一定时期的生产经营活动中为生产和销售产品而花费的全部费用。畜产品成本核算是经济核算的中心内容，是畜牧企业实行经济核算不可缺少的基础工作。

55. 肉牛场成本项目有哪些？

牛场的成本有直接成本和间接成本。

(1)直接成本

包括工资和福利费、饲料费、燃料动力费、牛群医药费、产畜摊销费(即种畜和产畜的折旧费)、固定资产折旧费、固定资产大修理折旧费、低值易耗等费用。

(2)间接成本

包括共同生产费(利息支出、产品销售方面的费用等)和企业经营管理费(管理人员的工资、福利费，经营中的水电费、办公费和车旅费等)。其需要按一定比例分摊到各种牛群成本中去。

56. 如何进行肉牛场成本核算？

核算的一般程序为：确定核算对象→归集费用→分配间接费用→计算总成本→计算主要产品成本和副产品成本→计算主要产品单位成本。

根据成本项目核算出畜群的费用以后，结合各畜群饲养头数、活重、增重、主副产品产量等资料，便可计算各畜群的饲养成本和产品成本。在养牛生产中一般要计算牛群的饲养头日成本、育肥牛增重单位成本、断奶幼牛活重单位成本及主要产品单位成本等，其计算公式如下：

$$\text{牛群饲养头日成本}=\frac{\text{该牛群饲养期总费用}}{\text{该牛群饲养累计头日数}}$$

$$\text{育肥牛增重单位成本}=\frac{\text{该牛群饲养期总费用}}{\text{该期间内的净增重量}}$$

$$\text{断奶幼牛活重单位成本}=\frac{\text{产畜群饲养费用}+\text{幼牛饲养费用}}{\text{断奶幼牛活重量}}$$

$$\text{主要产品单位成本}=\frac{\text{该牛群饲养费用}-\text{副产品价值}}{\text{该牛群主要产品总产量}}$$

(二)肉牛场利润核算

57.什么是利润额和利润率？

(1)盈利

盈利是销售收入减去销售成本以后的余额，它包括税金和利润。盈利又称税前利润。

盈利＝总收入－总成本＝税金＋利润

畜牧场自产留用的畜产品，应视同销售，计入销售收入。

(2)利润

利润是企业在一定期间的经营成果。利润为负数时，表示亏损，应按规定的程序弥补。通常，年度发生亏损可用下一年度的利润弥补；不足时可延续五年内以税前利润弥补。

(3)税金

税金是国家根据事先规定的税种和税率向企业征收的、上交国家财政的款项。税金是国家宏观调控的重要经济手段之一。畜牧业主要应上交以下几种税金：农牧业税、产品税、营业税、资源税和所得税等。

(4)利润率

它是剩余价值与全部预付资本的比率，利润率是剩余价值率的转化形式，是同一剩余价值量不同的方法计算出来的另一种比率。如以 p 代表利润率，m 代表剩余价值，C 代表全部预付资本，那么利润率 $p=m/C$。利润率反映企业一定时期利润水平的相对指标。利润率指标既可考核企业利润计划的完成情况，又可比较各企业之间和不同时期的经营管理水平，提高经济效益。成本利润率＝利润÷成本×100％，销售利润率＝利润÷销售×100％。

58.如何计算肉牛养殖经济效益？

(1)总支出部分

①饲料费用，包括牛群消耗的各种饲料。上年库存的饲料折款列入当年开支；年底库存结余的饲料应折款列入下年度开支；饲料库存之差列入开支或收入。

②生产人员和管理人员的工资、奖金及福利待遇按年实际支出计算。

③固定资产折旧。

a.房屋折旧费。是指牛舍、库房、饲料加工间、办公室和宿舍。砖木结构折旧年限一般为20年，土木结构一般为10年。各牛场可根据当地折旧有关规定处理。

b.设备折旧费。是指产仔箱，饲料生产、饲料加工机械，折旧年限为10年。拖拉机、汽车折旧年限为15年。

c.燃料费、水电费。

d.医疗费指兽药和防疫费用等。

e.产畜摊销费，即种畜和产畜的折旧费。

f.运输费。

g.引种费，如购进架子牛的费用。

h. 共同生产费：母牛群、公牛群等分摊到牛舍（车间）一级的间接生产费用。

i. 维修费：包括大修理折旧费和日常修理费。

j. 低值易耗费：指百元以下零星开支，如购买工具、劳保用品等，按年度实际开支计算。

k. 对外联系的差旅费、招待费，按年度实际支出计算。

l. 其他开支，如垫草、利息、经营税及人员培训费等。

(2)总收入部分

①全年商品牛总产量是指 1 月 1 日至年末出售商品牛的总重量。

②全年出售商品牛的总收入是指 1 月 1 日至年末出售商品牛收入的总和，未出售的应盘点（盘查清点）总数折价列账。

③全年出售种牛的收入总和。

④全年淘汰牛收入的总和。

⑤全年肥料收入的总和。

⑥牛只盘点总数折价，减去上年盘点总数的折价，核算出增值收入。

(3)总效益部分

全年的总收入减去全年的总支出即为全年的总效益。肉牛专业饲养户的效益分析原则上也可按照上述方法进行计算，但专业户在牛的房舍、青粗饲料的供应及劳动力成本等方面可以减少部分支出，若再加上科学的饲养管理，一定会取得更好的经济效益。

59. 如何计算肉牛场的利润收入？

经济核算的目的，在于用最少的物质消耗和劳动消耗，尽可能地降低养牛成本，提高产品质量，获得最大经济效益。因此，肉牛场应建立严格的财务管理制度，重点搞好经济核算（资金核算、成本核算、盈利核算），积极进行企业经济活动分析。经济效益的分析主要包括资产核算、成本核算和盈利核算 3 个方面。

(1)资金核算

①固定资金核算。固定资金就是固定资产的货币表现。固定资产的特点:使用年限较长,以完整的实物形态参加多次生产过程,在生产过程中保持其固有的物质形态,而随着它们本身的磨损,其价值逐渐转移到新的产品中去。固定资产一般是根据使用年限和单位价值的大小来确定。如国家对国有农牧场固定资产的规定标准是:使用年限1年以上,单项价值500元以上。凡不同时具备这两个待点的,为了简化核算手段,作为低值易耗品,其购置费由流动资金解决。

固定资金核算的主要任务是通过对固定资产利用情况的分析,挖掘潜力,提高利用率。核算的内容包括固定资金利用情况核算和折旧核算两方面。

a.固定资金利用情况核算的指标有固定资金产值率和固定资金利润率。固定资金产值率指每占用百元固定资金能生产多少产值。其计算公式:

$$\text{固定资金产值率}=\frac{\text{全年总产值}}{\text{年平均固定资金占用额}}\times 100\%$$

固定资金产值率越高,则固定资金利用效果越好;反之,则差。

固定资金利润率指每占用百元固定资金能生产多少利润。其计算公式:

$$\text{固定资金利润率}=\frac{\text{全年总利润}}{\text{年平均固定资金占用额}}\times 100\%$$

固定资金利润率越高,则固定资金利用效果越好;反之,则差。

b.固定资产折旧核算。固定资产折旧分为两种,一是固定资产更新而提取的折旧,称为基本折旧;二是支付大修理费用而提取的折旧,称为大修理折旧。计算公式如下:

$$\text{每年基本折旧额}=\frac{\text{固定资产原值}-\text{残值}+\text{清理费用}}{\text{使用年限}}$$

$$每年大修理折旧额=\frac{使用年限大修理次数\times 每次大修理费用}{使用年限}$$

②流动资金核算。流动资金是指企业在生产领域和流通领域周转中所需要的资金。它循着货币→原材料→在产品→产成品→货币，即货币→商品→货币的运动方式，周而复始地变化其物质状态。衡量流动资金运用效果的指标有：

a.流动资金周转率。可分别以周转次数（次/年）及周转天数（d/次）来表示。其计算公式：

$$周转次数（次/年）=\frac{商品销售收入总额（元）}{流动资金平均占用额（元）}$$

$$周转天数（d/次）=\frac{360\ d}{周转次数}$$

在年度内，周转次数越多，周转天数越少，则流动资金周转越快，流动资金运用效果越好；反之，则差。

b.产值资金率。每百元生产产值平均占用流动资金金额数。其计算公式：

$$产值资金率=\frac{流动资金平均占用额（元）}{总产值（元）}\times 100\%$$

产值资金率越低，则流动资金运用的效果越好；反之，则差。

c.资金利润率。每百元流动资金所创造利润额。其计算公式：

$$资金利润率=\frac{总利润（元）}{流动资金平均占用额（元）}\times 100\%$$

资金利润率越高，则流动资金运用效果越好；反之，则差。

（2）成本核算

产品的成本就是以货币形式表现产品在生产过程中所消耗的全部费用。

①成本的分类和内容。

产品成本可分为：

a.总成本。指生产一定数量的产品的总成本。它没有反映产量的大小，是数量指标，具有不可比性。

b.固定成本。指不随产量变化而变化的成本，如固定资产折旧费、共同生产费和企业管理费。

c.变动成本。指随产量变化而变化的成本，如饲料费、医药费、动力燃料费等。

d.单位产品成本。总成本与产量之比，是质量指标，反映工作质量，具有可比性。

e.单位固定成本。固定成本与产量之比。它与产量成反比，产量越大，单位固定成本越低。

f.单位变动成本。变动成本与产量之比。产量越大，单位变动成本越接近单位产品成本。

②成本核算的项目。

a.工资和福利费。指直接从事养牛生产人员的工资和福利费。

b.饲料费。指生产过程个所消耗的各种饲料的费用，其中包括外购饲料的运杂费等。

c.燃料和动力费。指饲养耗用的燃料和动力费用。

d.畜禽医药费。指畜禽耗用的药品费和能直接记入的医疗费。

e.产畜摊销费。即种畜和产畜的折旧费。一般公牛从能配种开始，母牛从产犊开始计算。其计算公式：

$$产畜摊销费(元/年)=\frac{产畜原值-残值}{使用年限}$$

一般公牛摊销年限为8年，母牛为10年。

f.固定资产折旧费。指固定资产的基本折旧费，其计算公式：

固定资产折旧费(元/年)=固定资产原值×年综合折旧率

g. 固定资产修理费。指固定资产的一切修理费，包括大修理折旧费和日常修理费。

h. 低值易耗品。指能直接记入的工具、器具和劳保用品等低值易耗品。

i. 其他直接费。凡不能列入以上各项的直接费用。

j. 共同生产费。母牛群、公牛群等分摊到牛舍(车间)一级的间接生产费用。

k. 企业管理费。指场一级所消耗的一切间接生产费用。

③成本的计算。根据成本项目核算出畜群的费用以后，结合各畜群饲养头数、活重、增重、主副产品产量等资料，便可计算各畜群的饲养成本和产品成本。在肉牛生产中一般要计算牛群的饲养成本、增重成本、活重成本和主产品成本等，计算公式已在任务一的问题二中列出。

(3)盈利核算

盈利是指企业的产品销售收入减去销售总成本的纯收入，分为税金和利润，是反映企业在一定时期内生产经营成果的重要指标。衡量盈利效果的经济指标有：

①成本利润率。成本利润率是指每百元销售成本的盈利额。其计算公式：

$$成本利润率=\frac{销售利润}{销售成本}\times 100\%$$

成本利润率越高，则经济效益越好；反之，则差。

②销售利润率。销售利润率是指每百元销售收入可以获得的利润额。其计算公式：

$$销售利润率=\frac{销售利润}{销售收入}\times 100\%$$

销售利润率越高，则经济效益越好；反之，则差。

③产值利润率。产值利润率是指每百元产值能创造的利润额。其计算公式：

$$产值利润率=\frac{销售利润}{产值}\times 100\%$$

产值利润率越高，则经济效益越好；反之，则差。

④资金产出率。资金产出率是指每百元资金可生产的产品量或产值。其计算公式：

$$资金产出率=\frac{畜产品产量或产值}{资金占用总额}\times 100\%$$

资金产出率越高，则经济效益越好；反之，则差。

⑤资金利润率。资金利润率是指每百元资金所创造的利润。其计算方法有两种：

$$资金利润率=\frac{销售利润}{流动资金占用额}\times 100\%$$

$$资金利润率=\frac{销售利润}{固定资金占用额+流动资金占用额}\times 100\%$$

资金利润率越高，则经济效益越好；反之，则差。

(4)企业经济活动分析

企业的经济活动分析是不同时期研究企业经营效果的一种好办法，其目的是通过分析影响效益的各种因素，找出差距，提出措施，巩固成绩，克服缺点，使经济效益更上一层楼。分析的主要内容有对生产实值（产量、质量、产值）、劳力（劳力分配和使用、技术业务水平）、物质（原材料、动力、燃料等供应和消耗）、设备（设备完好率、利用、检修和更新）、销售（销售收入和费用支出、销售量的增减）、成本（消耗费用升降情况）、利润和财务（对固定资金和流动资金的占用、专项资金的使用、财务收支情况等）的分析。

开展经济活动分析，首先要收集各种核算的资料，包括各种台账及有关记录数据，并加以综合处理，以计划指标为基础，用实绩与计划对比、与上年同期对比、与本企业历史最好水平对比、与同行业对比进行分析。至于开展经济活动分析的形式，可分为场级分析、车间（牛舍）分析、班组分析；专题分析和全面分析；日常分析和定期分析；专业分析和群众分析；书面分析和会议分析。在分析中，要从实际出发，充分考虑到市场的动态，场内的生产情况以及人为、自然因素的影响等，从而提出具体措施，巩固成绩，改进薄弱环节，达到提高经济效益的目的。最后用文字形式写出分析报告，包括基本情况，生产经营实绩、问题以及建议等，以利于进一步提高财务管理水平。

五、肉牛常见疾病的防治

(一)肉牛场的消毒

60. 常用消毒剂有哪些?

消毒剂应选择对人、牛和环境比较安全、没有残留毒性,对设备没有破坏和在牛体内不产生有害积累的。可选用的消毒剂有:次氯酸盐、有机氯、有机碘、过氧乙酸、生石灰、氢氧化钠、高锰酸钾、硫酸铜、新洁尔灭、酒精等。

61. 牛舍常用的消毒方法有哪些?

(1)喷雾消毒

用一定浓度的次氯酸盐、过氧乙酸、有机碘混合物、新洁尔灭溶液等,用喷雾技术进行喷雾消毒,主要用于牛舍清洗完毕后的喷洒消毒、带牛环境消毒、牛场道路和周围环境及进入牛场生厂区的车辆消毒。

(2)浸润消毒

用一定浓度的新洁尔灭、有机碘等的水溶液,进行洗手、洗工作服或胶靴消毒。

(3)紫外线消毒

对人员入口处设紫外线灯照射,以起到杀菌作用。

(4)喷洒消毒

在牛舍周围、入口、产床和牛床下面撒生石灰或火碱以杀死细菌和病毒。

(5)火焰消毒

用酒精、汽油、柴油和液化气喷灯，在牛栏、牛床等牛经常接触的地方，用火焰依次瞬间喷射消毒，在产房、培育牛舍使用效果更好。

(6)熏蒸消毒

将一定量的福尔马林、高锰酸钾放置在牛舍，封闭熏蒸 24 h。福尔马林熏蒸牛舍应在进牛前进行。

62.怎样做好外来人员、车辆入场消毒？

在场门、生产区入口处设消毒池，消毒池内的药液可用2%的氢氧化钠溶液。药液要经常更换，车辆、人员须从消毒池经过。从外面进入牛场内的人员必须经紫外线消毒 15 min。杜绝带病原的人员或被污染的饲料、车辆等进入生产区。

63.如何对牛舍周围环境、工作人员、用具进行消毒？

(1)环境消毒

牛舍周围环境每2～3周用2%火碱溶液消毒或撒生石灰消毒1次；场周围及场内污水池、排粪坑、下水道出口，每月用漂白粉消毒1次。在牛场、牛舍入口设消毒池，使用2%火碱或煤酚皂溶液。主要目的是消灭环境周围的病原体，牛对自身的病原一般都有一定抵抗力，所以外来病原体是造成牛场疾病流行的重要原因。

(2)工作人员及外来人员消毒

工作人员进入生产区应更衣，并进行手臂浸润消毒和紫外线照射消毒 3～5 min，禁止将工作服穿出场外。外来人员必须进入生产区时，应更换场区工作服和工作鞋，经紫外线消毒，并遵守场内防疫制度，按指定路线行走。

(3)用具消毒

定期用0.1%的新洁尔灭溶液或0.2%～0.5%的过氧乙酸溶液对饲喂用具、料槽、饲料车等进行消毒；日常用具，如兽医用具、助产用具、配种用具等在使用前后均应进行彻底清洗和消毒。

64.怎样对牛舍进行日常消毒、定期预防消毒及牛体消毒？

(1)做好牛舍日常消毒

牛舍内要经常保持卫生整洁、通风良好，每天都要打扫干净。每月消毒一次，每年春、秋两季各进行一次大的消毒。常用消毒药物为：10%～20%的生石灰乳、2%～5%的烧碱溶液、0.5%～1%的过氧乙酸溶液、3%的福尔马林溶液或1%的高锰酸钾溶液。

(2)定期预防消毒

每年进行2～4次的结核病定期预防消毒，常用消毒药为5%的来苏儿、10%漂白粉、3%福尔马林溶液。

(3)带牛消毒

定期进行带牛环境消毒，有利于减少环境中的病原微生物。可用于带牛环境消毒的药物有：0.1%新洁尔灭、0.3%过氧乙酸、0.1%次氯酸钠溶液等，以减少传染病和蹄病的发生。带牛环境消毒应避免消毒剂污染饲料、饮水等。

(4)牛体消毒

助产、配种、注射及其他任何对牛接触操作前，应先对有关部位进行消毒，以消除病原，保证牛体健康。

65.肉牛场消毒规定有哪些？

(1)人员及车辆消毒规定

①任何进入牛场大门的人员必须在门卫室按规定严格消毒：紫外线、消毒垫、消毒盆。

②任何进入牛场大门的车辆必须严格消毒，常用高压喷雾消毒。牛场门口应设专用消毒池，其大小为：长5 m，宽3 m，深0.3 m。消毒池内加2%氢氧化钠、10%石灰乳或5%漂白粉，定期更换消毒液。进入冬季后，可改用喷雾消毒，消毒液为5%百毒杀或次氯酸钠，重点是车轮的消毒。

③任何进入生产区的工作人员必须消毒，更换已消毒的工作

服、鞋等。

④来访参观人员经批准后方可进入生产区，应沐浴、消毒，更换场内提供的衣服、鞋套、头套等，并按指定路线进行参观。牛场应备有专用消毒服、帽及胶靴、紫外线消毒间、喷淋消毒及消毒通道。

⑤进入生产区的车辆，包括车厢内应彻底冲洗干净，经过严格消毒处理后在场外至少停留 30 min 以上，才能进入生产区。

⑥人员回场后应立即洗澡消毒，换洗衣服等，衣物应用消毒液浸泡消毒。

⑦生产人员因工作原因需进入其他车间，进入前应先消毒，回本车间时也应做消毒处理。

⑧工作人员进入本车间应消毒，包括消毒盆洗手、脚踏消毒垫，消毒液的量以药浴能浸满鞋底为准，有条件的牛场在人员进入生产区前最好做一次体表喷雾消毒，所用药液为 0.1%百毒杀。

(2)牛舍消毒规定

①牛舍地面应每天清除粪便、污水及污染垫草，保持通风、干燥、清洁。

②夏季每 3 d 对舍内地面进行一次喷雾消毒，特殊情况由生产主管另作安排；已使用 2 年以上的牛舍，应每年对离地面 1.5 m 的墙壁用 20%石灰乳粉刷 1 次。

③饲养员负责本车间内及牛舍周边环境的消毒工作。

④在消毒时为减少消毒剂对工作人员的刺激，应戴好衣帽、口罩等。

⑤消毒剂交替使用，每 15 d 更换一种消毒剂。

⑥根据牛舍面积，按照消毒剂使用说明适量配制、使用消毒溶液。

⑦消毒覆盖面尽量达到 100%，消毒效果：地面、墙面以湿润为准，牛体、牛栏以滴水珠为准。

⑧消毒须在清扫冲洗圈舍且地面干燥后进行，消毒后 12 h 内不得冲洗圈舍。

⑨及时作好消毒记录。

(3)生产区环境消毒规定

①生产主管负责生产区环境的消毒工作。

②每周消毒一次,每周六下午按时消毒,雨天顺延。特殊情况另作安排。

③严格按照消毒剂使用说明,配制使用药液。

④消毒剂交替使用,每月更换一种消毒剂。生产区大门的消毒池内的消毒液每周更换一次,以达到消毒效果。

⑤消毒范围包括:道路、水泥地面、下水道以及各种设施等,消毒覆盖面达到100%。

⑥及时作好消毒记录。

(4)生活区消毒规定

①后勤主管负责生活区的环境消毒工作。

②每15 d消毒一次,特殊情况根据生产主管的意见由后勤主管另作安排。

③严格按照消毒剂使用说明的比例适量配制溶液。

④每月15日和月末按时消毒,雨天顺延。

⑤消毒范围:道路、下水道、食堂、宿舍、公司大门、娱乐场所、厕所等生活设施,覆盖面100%。

⑥及时作好消毒记录。

(5)器械工具的消毒规定

①生产工具由本车间饲养员定期消毒。生产工具包括饲料铲、饲料车、粪铲、粪车、料箱、补料槽等。

②医用器械由生产主管或其指定人员每天定时消毒。

③注射器、针头等洗净后,每天定时送到兽医室,集中蒸煮消毒。

④生产工具、医用器械的消毒方式:

a. 生产工具用消毒液作喷雾消毒。

b. 注射用具用高压蒸煮消毒。

c. 实验室用具和器械用高压蒸汽消毒。

d.产房器械及设施用消毒液消毒和熏蒸消毒。

⑤上水设备、饮水器、水箱等用漂白粉稀释成3%的溶液，浸泡或冲洗消毒。

⑥配送饲料的车辆应专用，并定期严格消毒。

⑦粪车在使用后应在牛舍外指定地点冲洗干净，待干燥后消毒。

⑧及时作好消毒记录。

(6)产犊舍消毒

①怀孕母牛在分娩前应在其所处地面铺设干净垫草，并进行乳房及乳头的擦洗消毒。

②犊牛出生后，脐带断端用5%碘酊消毒。

③要及时给犊牛吃上初乳，为犊牛准备的专用奶桶每次使用时要用热水冲洗干净。

(7)牛舍清洗消毒的基本程序

①牛转出后对圈舍清扫、刮干净，清除一切污物。

②用清水将地面、牛栏、墙面、料槽、天花板等设施冲洗干净。

③干燥。

④用2%～3%的烧碱溶液，泼洒地面、牛栏、料槽、墙面等。

⑤待干燥后，用清水彻底冲洗干净。

⑥干燥。

⑦消毒。

⑧空置。

(8)发生疫病时的紧急消毒

①当牛群发生某种传染病时，应将发病牛只隔离，病牛停留的环境用2%～4%烧碱喷洒消毒。

②粪便中加入生石灰处理后用密闭编织袋清除。

③死亡病牛应深埋或焚烧处理，运送病死牛的工具应用2%烧碱或5%漂白粉冲洗消毒。

④病牛舍用0.5%过氧乙酸喷雾空气消毒。

(9)消毒的注意事项

①正确使用各种消毒药物，严格按照消毒剂的使用说明的配制使用。

②在配制消毒液或实施消毒时应佩戴口罩、手套等防护物品。

③不得同时使用两种消毒液消毒同一部位和物品。

④在对上水设备、饮水器、水箱消毒后，在使用前应彻底清洗干净。

⑤大门、牛舍入口处的消毒池或消毒盆药液应定期更换，一般每周更换1～2次。

⑥人或动物皮肤不得直接接触消毒液，一旦眼睛、皮肤上沾有药液应及时冲洗干净，特别是使用烧碱、生石灰等腐蚀性强的药品时要注意安全。

(二)肉牛免疫

66.为什么要进行防疫注射？

防疫注射是在疫病未发生之前，对健康肉牛以预防发病为目的而进行的疫苗(菌苗)注射。定期进行预防注射可有效地防止肉牛患传染性疾病。

肉牛饲养场应根据《中华人民共和国动物防疫法》及其配套法规的要求，结合当地实际情况，有选择地进行疫病的预防接种工作，并注意选择适宜的疫苗和免疫方法。

67.肉牛常用疫苗及使用方法有哪些？

(1)炭疽疫苗

经常发生炭疽和受该病威胁地区的牛，每年春季应作炭疽菌苗预防接种1次。炭疽菌苗有3种，使用时，任选1种。

①无毒炭疽芽孢苗。

a.性状。该苗静置时呈微带黄色的透明液体，瓶底有灰白色芽孢沉淀层，摇匀后则成稍带乳白色的混悬液。

保存于2～8℃干燥、暗处，有效期为2年。

b.用法和用量。1岁以下的牛在颈部皮下注射0.5 mL，1岁以上的牛注射1 mL。

c.注意事项：注射后可能有1～3 d的体温反应，也可能在注射部位引起核桃大的肿胀，3～10 d即可消失；宜在秋季使用，天气骤变时不要使用本苗；被注射的牛一定要健康，接种疫苗后要加强饲养管理。本苗不能和炭疽血清同时注射；使用时用力振摇均匀成混悬液；菌苗稀释后，限12 h内用完；用过的器械和被污染的用具等必须收集煮沸消毒1 h。

②第二号炭疽芽孢苗。

a.性状。呈透明的液体，瓶底有少量灰白色（芽孢）沉淀，振摇后成微浑的稍带乳白色的混悬液。

b.用法和用量。大小牛一律皮下注射1 mL。

c.注意事项。同无毒炭疽芽孢苗。

③炭疽芽孢氢氧化铝佐剂苗或称浓缩芽孢苗。该苗为上两种芽孢苗的10倍浓缩制品，使用时以1份浓缩苗加9份20%氢氧化铝胶稀释后，按无毒炭疽芽孢苗或第二号炭疽芽孢苗的用法、用量使用。

以上各苗均在接种后14 d产生免疫力，免疫期1年。

（2）牛气肿疽疫苗

用于牛气肿疽主动免疫的疫苗有氢氧化铝甲醛疫苗和明矾甲醛疫苗两种。注射后14天能产生可靠免疫力，免疫期均为6个月。

①气肿疽明矾疫苗。

a.性状。本疫苗静置后，上层均为棕黄色或淡黄色澄清液体，下层有少量的灰白色沉淀，疫苗摇匀后，呈均匀混悬液。

保存于2～8℃暗处，有效期为2年。

b.用法用量。不论年龄大小，每头牛颈部或肩胛后缘皮下注射5 mL。6月龄以下犊牛，在6月龄时加强免疫1次。接种后

14 d 产生免疫力，免疫期约 6 个月。

c. 注意事项。本疫苗严禁冻结；被接种牛一定要健康；注射后可能有体温升高反应和接种部位出现巴掌大的肿块，可在 3～4 d 后自行恢复；注射后 7 d 内不要使役，应加强饲养管理；注射前要将疫苗用力振摇，使之成为混悬液；疫苗瓶封口不严，瓶内混有异物或有摇不散的絮状物等，均不能使用。

②气肿疽甲醛疫苗。

a. 性状。与气肿疽明矾疫苗相同。

保存于 2～15℃冷暗干燥处，有效期为 2 年；室温保存，有效期为 14 个月。

b. 用法和用量。与气肿疽明矾疫苗相同。

c. 注意事项。与气肿疽明矾疫苗相同。

(3)牛巴氏杆菌病(牛出血性败血症)疫苗

①牛多杀性巴氏杆菌灭活疫苗。

A. 性状。本品静置后，上层为淡黄色澄明液体，下层为灰白色沉淀物，摇匀后成均匀混悬液。免疫期为 9 个月。

保存于 2～8℃冷暗干燥处，有效期为 1 年。

B. 用法用量。皮下或肌内注射，体重 100 kg 以下的牛注射 4 mL，100 kg 以上的牛注射 6 mL。

C. 注意事项。

a. 免疫前应详细了解动物健康状况、免疫史及病史。患病、瘦弱、妊娠后期的母牛(产前 1.5 个月)、断乳前幼畜禁用。

b. 使用前应将疫苗摇匀。

c. 个别牛可能出现变态反应，应注意观察，及时采取抢救措施。轻微反应：在注射局部可能出现肿胀，体温升高，呼吸加快，流涎，哀鸣，减食或停食，但随着时间的推移会逐渐减轻至消失。严重反应：呼吸急促，卧地不起，肌内震颤，食欲废绝等，应用 0.1% 肾上腺素 4～8 mL 急救。

d. 疫病暴发时，免疫接种应先从安全区到受威胁区，然后到疫区。

e. 疫苗启封后最好当天用完，未用完的疫苗封好后放 2～8℃保存，超过 24 h 的疫苗不能再使用。

f. 注意防冻。

g. 接种疫苗的同时，应改善拥挤等应激因素，牛舍通风良好。

②牛巴氏杆菌病油乳剂疫苗。

a. 性状。本品静置后，上层为黄色透明液，下层为灰白色沉淀，摇匀为混悬液。免疫期为 9 个月。用于健康牛的免疫接种，预防牛巴氏杆菌病。

保存于 2～8℃冷暗处，有效期为 6 个月。

b. 用法用量。肌内注射，犊牛 4～6 月龄首免，3～6 个月后再免疫 1 次，每头注射 3 mL。

c. 注意事项。同牛多杀性巴氏杆菌灭活疫苗。

(4)牛沙门氏菌病灭活疫苗

①性状。本疫苗静置后，上部为灰褐色澄清液体，下部为灰白色沉淀，振摇后为均匀浑浊液体。接种疫苗后，可能会引起变态反应。疫苗的免疫期仅有 6 个月。

保存于 2～8℃冷暗处，有效期为 12 个月。

②用法用量。肌内注射，1 岁以下的牛 1 mL，1 岁以上的牛 2 mL。为增强免疫力，1 岁以上的牛可在首免后 10 d，用相同剂量的疫苗再接种 1 次。对已发生沙门氏菌病的牛群，犊牛应在 2～10 日龄接种 1 次，30～45 日龄增强免疫 1 次，剂量均为 1 mL。怀孕牛产前 45～60 d 注射。

③注意事项。

a. 在严寒冬季，注意防冻。

b. 严格按照规定用量使用。

c. 接种疫苗后，有些牛会出现变态反应，如呆立、瞪眼、震颤、流泪、流涕、垂涎、呼吸加快、精神委顿等，应立即注射肾上腺素 1～2 次，予以缓解，否则可能导致死亡。

d. 瘦弱、患病牛不宜注射。

(5)口蹄疫疫苗

①口蹄疫O型灭活疫苗。

A.性状。静置后呈暗白色，瓶底有部分沉淀，摇匀后成均匀混悬液。

在−15℃下保存，有效期为1年。

B.用法用量。肌肉注射，成年牛3 mL/头，1岁以下犊牛2 mL/头，免疫期为6个月。

C.注意事项。

a.若疫苗中有异物，变质，瓶体有裂纹，封口不严等，均不得使用。使用时，应将疫苗恢复至室温并充分摇匀。

b.疫苗开启后限当日用完，超过24 h不能再次使用。

c.如在炎热季节接种，应在清晨或傍晚进行。

d.疫苗必须注入深层肌内，切不可注入脂肪层和皮下。

e.个别牛出现严重过敏反应时，应及时使用肾上腺素等药物进行抢救，同时适当进行辅助治疗。

f.注射本苗的牛在14 d内不得随意移动，以便进行观察。

②口蹄疫弱毒疫苗。本苗分A型、O型及AO型双价苗3种，各型不能交叉互免。

a.性状。静置时呈暗赤色液体，瓶底有部分沉淀物，振摇后成为均匀的混悬液。保存于−18～−12℃，有效期为8个月；于2～6℃冷暗处保存，有效期为5个月。

b.用法用量。肌内注射或皮下注射，1～2岁牛每头份1 mL，2岁以上牛每头份2 mL。免疫期为6个月。1岁以下牛不能用。

(6)布鲁氏菌病疫苗

在布鲁氏菌病常发生的地区，每年要定期对检疫为阴性的牛进行预防接种。我国现有3种布鲁氏菌病菌苗。

①流产布鲁氏菌19号弱毒菌苗。该苗只用于处女犊牛，即6～8月龄时免疫1次，必要时在怀孕前加强免疫1次，每次颈部皮下注射5 mL(含600亿～800亿活菌)，免疫期可达7年。

②布鲁氏菌羊型5号冻干弱毒菌苗。

a.性状。本苗为白色或淡黄色疏松海绵状固体(冻干苗),易与瓶壁脱离,加入稀释液后迅速溶解成均匀的混悬液。保存于0~8℃冷暗处,有效期自冻干之日起为1年。

b.用法和用量。用于3~8月龄的犊牛,可皮下注射(用菌500亿/头),也可气雾吸入(室内气雾时用菌250亿/头,室外用菌400亿/头),免疫期1年。

以上两种菌苗,公牛、成年母牛和孕牛均不宜使用。

③布鲁氏菌猪型2号冻干弱毒菌苗。

A.性状。本苗为白色块状物,加水后迅速溶解成为乳白色均匀液体。

冻干苗在0~8℃保存,自冻干之日起,有效期为1年。

B.用法和用量。本品公、母牛均可用,孕牛不宜注射,可供皮下注射、气雾吸入和口服接种,皮下注射和口服时用菌数为500亿/头,室内气雾吸入为250亿/头,免疫期2年以上,因此每隔1年免疫1次,达到国家规定的“消灭区”指标时停止免疫接种。

C.注意事项。拌水饮服或灌服时,不能用热水;用苗时避免服用抗生素及发酵饲料;疫苗稀释后当天要用完,隔夜不得再使用;本疫苗具有一定的残余毒力,使用时要注意个人防护,不要用手拌苗。盛苗后的用具、水(食)槽要消毒。工作人员要戴胶皮手套、口罩和工作服,工作完毕后用具和衣物要消毒处理。

气雾免疫是将稀释的菌苗装入特制的雾化器内,通过压缩空气的喷射,将液体菌苗雾化成粒子,被牛吸入而产生免疫。室内气雾免疫时,将喷头由门窗缝伸入室内,保持与牛头同高,向四面均匀喷射,喷完后,让牛在室内停留20~30 min。室外气雾免疫时,须将牛群赶进四周有矮墙的圈内,对准牛头喷射,同时驱赶牛群,保证每头牛有均等机会吸入菌苗。喷完后,让牛在圈内停留20~30 min。

口服时,先用适量冷水拌湿精料,再拌入稀释好的菌苗,充分拌匀，让牛采食，或者掺入少量饮水中，让牛饮服。喂菌苗前，牛应停食或停饮半天，喂完菌苗0.5 h后，方可按常规饲喂。用菌苗前后1周不得使用抗生素药物或含抗生素的饲料。羊型5号弱毒菌苗对人有感染性，使用时应注意防护。

(7)狂犬病弱毒冻干苗

①性状。本疫苗为淡黄色海绵状疏松固体，加入蒸馏水后即可溶解为均匀的混悬液。保存于－15℃以下，有效期最长不超过1年。

②用法和用量。用无菌生理盐水或灭菌蒸馏水稀释，摇匀后于臀部或后腿肌内注射，每头3 mL，免疫期为1年。

(8)牛副结核病灭活疫苗

①性状。本品为乳白色乳剂，久置后底部有少许沉淀，振荡后呈均匀混悬液。免疫期为2年。

②用法用量。犊牛在出生后7 d内，于胸垂皮下注射，1 mL/头。保存于2～8℃，有效期为1年。

(9)破伤风疫苗

在破伤风多发生地区，应每年定期接种精制破伤风类毒素1次，于颈部或肩胛后皮下注射，大牛每头份1 mL，小牛每头份0.5 mL，接种后1个月产生免疫力。免疫期1年。创伤或手术(特别是阉割术)有感染危险时，可临时再接种1次。

(10)牛传染性胸膜肺炎疫苗

疫区和受威胁区的牛应每年定期接种牛肺疫兔化弱毒苗。

①性状。湿苗为淡黄色的澄清液体，底部有少许沉淀。冻干苗为微白色或微黄色海绵状疏松团块，易与瓶壁脱离，加稀释液后迅速溶解。

②用法用量。接种时，按瓶签标明，用20%氢氧化铝胶生理盐水稀释50倍，臀部肌肉注射，成年牛每头份2 mL，6～12月龄小牛每头份1 mL，免疫期1为年。

68.如何制定肉牛场免疫程序？

除建立消毒制度、严格检疫的措施外，有计划地给健康牛群进行预防免疫接种，能有效地预防传染病的发生。因此，生产中，为了预防接种的需要，我们常常要制定一个疫病免疫程序。免疫程序是指根据一定地区、养殖场或特定动物群体内传染病的流行状况、动物健康状况和不同疫苗特性，为特定动物群体制定的免疫接种计划，包括接种疫苗的类型、顺序、时间、次数、方法、时间间隔等规程和次序。在此推荐一个免疫程序表（表 5-1），供大家酌情增减采用。

表 5-1　肉牛饲养场传染病免疫接种程序

年龄	疫苗（菌苗）	使用方法	免疫期及备注
1月龄	第Ⅱ号炭疽芽孢苗（或无毒炭疽芽孢苗）	皮下注射 1 mL 皮下注射 0.5 mL	免疫期 1 年
	伪狂犬病灭活苗	皮下注射 8 mL	免疫期 1 年
	精制破伤风明矾沉淀类毒素	皮下注射 0.5 mL	免疫期 1 年
	牛出血性败血症氢氧化铝苗	皮下注射 4 mL	免疫期 9 个月
	牛气肿疽甲醛明矾菌苗	皮下注射 5 mL	免疫期 6 个月
6月龄	狂犬病弱毒苗	肌内注射 30 mL	免疫期 1 年
	布鲁氏菌 19 号苗	皮下注射 5 mL	免疫期 6 个月
	气肿疽牛出败二联干粉苗	皮下注射 1 mL	免疫期 1 年
	牛豆苗	皮内注射 0.2～0.3 mL	免疫期 1 年
	牛肺疫氢氧化铝苗	肌内注射 1 mL	免疫期 1 年
	牛传染性鼻气管炎灭活苗	见疫苗生产标签	免疫期 6 个月
	牛黏膜病弱毒疫苗	见疫苗生产标签	免疫期 1 年

续表 5-1

年龄	疫苗(菌苗)	使用方法	免疫期及备注
12月龄	第Ⅱ号炭疽芽孢苗(或无毒炭疽芽孢苗)	皮下注射 1 mL	免疫期 1 年
	破伤风明矾沉淀类毒素	皮下注射 1 mL	免疫期 1 年
	口蹄疫弱毒苗	皮下或肌内注射 1 mL	免疫期 6 个月
	伪狂犬病灭活疫苗	皮下注射 10 mL	免疫期 1 年
	牛传染性鼻气管炎灭活苗	见疫苗生产标签	免疫期 6 个月
	肉毒梭菌明矾菌苗	皮下注射 10 mL	免疫期 1 年
	钩端螺旋体病灭活多价苗	见疫苗生产标签	免疫期 1 年
	魏氏梭菌灭活苗	皮下注射 5 mL	免疫期 6 个月
	狂犬病疫苗	肌内注射 3 mL	免疫期 1 年
18月龄	布氏杆菌 19 号苗	皮下注射 5 mL	免疫期 6～7 个月
	牛痘苗	皮内注射 0.2～0.3 mL	免疫期 1 年
	气肿疽牛出败二联干粉苗	皮下注射 1 mL	用 20%的氢氧化铝盐水溶解免疫期 1 年
	牛肺疫氢氧化铝苗	肌内注射 1 mL	免疫期 1 年
	牛传染性鼻气管炎灭活苗	见疫苗生产标签	免疫期 6 个月
	牛黏膜病弱毒疫苗	见疫苗生产标签	免疫期 1 年
	口蹄疫弱毒苗	皮下或肌内注射 1 mL	免疫期 6 个月
	魏氏梭菌灭活苗	皮下注射 1 mL	免疫期 6 个月
24月龄	第Ⅱ号炭疽芽孢苗(或无毒炭疽芽孢苗)	皮下注射 1 mL	免疫期 1 年
	精制破伤风类毒素	皮下注射 1 mL	1 年
	伪狂犬病灭活菌	皮下注射 10 mL	免疫期 1 年
	肉毒梭菌明矾苗	皮下注射 10 mL	免疫期 1 年
	钩端螺旋体病多价苗	见疫苗生产标签	免疫期 1 年
	牛传染性鼻气管炎灭活苗	见疫苗生产标签	免疫期 6 个月
	口蹄疫弱毒苗	皮下或肌内注射 2 mL	免疫期 6 个月
	魏氏梭菌灭活苗	皮下注射 5 mL	免疫期 6 个月

续表 5-1

年龄	疫苗(菌苗)	使用方法	免疫期及备注
成年牛	牛痘苗	皮内注射 0.2～0.3 mL	每年冬季接种 1 次
	牛肺疫氢氧化铝苗	肌内注射 1 mL	每年定期接种 1 次
	牛气肿疽甲醛明矾苗	皮下注射 5 mL	每年春季接种 1 次
	炭疽菌苗	皮下注射 1 mL	每年春季接种 1 次
	破伤风类毒素	皮下注射 1 mL	每年定期接种 1 次
	牛出败血症氢氧化铝菌苗	肌内注射 6 mL	每年春、秋季接种 1 次
	伪狂犬病灭活苗	皮下注射 10 mL	每年定期接种 1 次
	肉毒梭菌明矾苗	皮下注射 10 mL	每年接种 1 次
	口蹄疫弱毒苗	肌内注射 2 mL	每年春、秋季接种 1 次
	狂犬病疫苗	肌内注射 3 mL	每年定期接种 1 次
	钩端螺旋体多价苗	见疫苗生产标签	每年定期接种 1 次
	牛传染性鼻气管炎灭活苗	见疫苗生产标签	每年春、秋季接种 1 次
	魏氏梭菌灭活苗	皮下注射 5 mL	免疫期 6 个月
妊娠牛	犊牛副伤寒苗	见疫苗生产标签	分娩前 4 周注射
	犊牛大肠杆菌苗	见疫苗生产标签	分娩前 2～4 周注射
	牛传染性鼻气管炎灭活苗	见疫苗生产标签	分娩前 8 周注射
	魏氏梭菌灭活苗	皮下注射 5 mL	分娩前 4～6 周注射

69. 如何制定肉牛免疫程序？

制定肉牛免疫程序时应充分考虑当地疫病的流行情况，牛的种类、年龄，母源抗体水平和饲养管理水平，以及使用疫苗的种类、性质、免疫途径等方面的因素。免疫程序的好坏可根据肉牛的生产力和疫病发生情况来评价，科学地制定一个免疫程序必须以抗体监测为参考依据。

如某牛场根据实际情况制定以下免疫程序，见表 5-2、表 5-3。

表 5-2 肉牛常见传染病免疫程序

免疫时间	疫苗种类	使用方法	预防疾病	免疫期
1月龄	牛副结核病疫苗	胸垂或颈部皮下	牛副结核病	2年
1～1.5月龄	牛沙门菌病弱毒疫苗	皮下或肌内注射	牛沙门菌病	1年
	牛沙门菌病灭活疫苗	皮下或肌内注射		6个月
1～2月龄	牛气肿疽灭活疫苗	皮下或肌内注射	牛气肿疽	1年
4月龄	牛巴氏杆菌病灭活疫苗	皮下或肌内注射	牛巴氏杆菌病	9个月
4～5月龄	牛口蹄疫疫苗	皮下或肌内注射	牛口蹄疫	6个月
4.5～5月龄	牛巴氏杆菌病灭活疫苗	皮下或肌内注射	牛巴氏杆菌病	9个月
5～6月龄	牛传染性鼻气管炎疫苗	皮下或肌内注射	牛传染性鼻气管炎	1年
6月龄	牛气肿疽灭活疫苗	皮下或肌内注射	牛气肿疽	1年

表 5-3 成年牛主要传染病常用免疫程

免疫时间	疫苗种类	使用方法	预防疾病	免疫期
每年免疫1次	牛巴氏杆菌灭活疫苗	皮下或肌内注射	牛巴氏杆菌病	9个月
间隔6个月,每年免疫2次,妊娠母牛在产前2～3个月免疫1次	牛口蹄疫疫苗	皮下或肌内注射	牛口蹄疫病	6个月
间隔4周进行2次免疫,免疫于每年7月以前	牛流行热疫苗	皮下或肌内注射	牛流行热病	6个月
春、秋两季各免疫1次	牛气肿疽灭活疫苗	皮下或肌内注射	牛气肿疽病	1年
种用母牛应在配种前免疫。其他每年免疫1次	牛传染性鼻气管炎疫苗	皮下或肌内注射	牛传染性鼻气管炎	1年
按说明书或产前免疫	牛乳房炎疫苗	皮下或肌内注射	牛乳房炎	3个月
成年牛每年免疫1～2次。孕牛产前2个月免疫1次	牛沙门菌病灭活疫苗	皮下或肌内注射	牛沙门菌病	6个月

(三)肉牛常见病的诊断与防治

70.肉牛常见的消化道疾病有哪些?

(1)肉牛瘤胃积食

瘤胃积食是指瘤胃内充满大量干燥的食物,引起瘤胃急性扩张,致使瘤胃运动及消化机能紊乱的一种疾病。

①主要病因。引起瘤胃积食的原因主要是在饲养过程中,饲喂过量的优质饲料,如精料及糟粕类等,适口性好的青草、胡萝卜、马铃薯等引起发病;突然变更饲料,偷吃大量的精料,如豆饼、玉米等,而饮水又不足引起发病;牛分娩后,采食胎衣,也是造成积食的原因;采食塑料薄膜或长绳、聚丙烯包装等,也可引起瘤胃积食。

②主要症状。病初表现食欲、反刍下降或废绝,瘤胃蠕动停止,病牛不爱活动,鼻镜干燥、流涎、咬牙、努责、恶臭的嗳气,少数还有发生呕吐症状的。腹围膨大,特别是左腹部膨大(图 5-1),触诊可触到较硬的内容物,叩诊可听到浊音。病牛弓腰弩背,发出呻吟声,回顾后躯,不断地踢腹,不断地起卧。排粪量显著减少,粪像

图 5-1　瘤胃积食,腹部膨大

烧石样坚硬，有时也排恶臭的软便或下痢便。轻症病例体温无变化，但重症体温上升，呼吸急速，结膜充血呈紫红色，脉搏弱而快，眼窝凹陷，皮肤弹力消失等脱水症状非常明显。

③治疗。治疗的原则是消除病因，增强前胃兴奋性，促进瘤胃内容物运动，防止脱水与自体中毒。

a. 口服泻药。用盐类泻剂硫酸镁或硫酸钠 0.5～0.8 kg 或植物油 500～1 000 mL，加适量温水灌服。随后灌服大量饮水，再用健胃剂如番木鳖酊 10～30 mL，加水灌服。

b. 防腐制酵。大蒜酊 40～80 mL 内服，或鱼石脂 0.015～0.03 kg，酒精 50～100 mL，溶解，加水，1 次灌服。

c. 促进瘤胃蠕动。静脉注射 40%～50%葡萄糖溶液250 mL，10%氯化钠溶液 250 mL。

d. 移植瘤胃液。每日 2 次灌服健康牛的瘤胃液 4 000～6 000 mL。

也可采用洗胃疗法，用 4%的碳酸氢钠溶液洗胃，将内容物洗出。同时静脉注射 10%的氯化钠 500 mL、20%的安钠咖 10 mL。

在药物治疗效果不佳时，可采用瘤胃切开术，取出内容物。

④预防。预防本病要坚持合理的饲养制度，不能突然变换饲料；要坚持合理供应日粮；要注意精、粗、矿物质及维生素的比例；要保证供给优质充足的干草。

(2)肉牛瘤胃臌胀

瘤胃臌气是由于吃了过多的青草，导致瘤胃里不断地产生气体而导致腹围增大。

①病因。主要病因有日粮配合不当，或调制不充分时，牛采食到过量易发酵的饲草饲料，如青草、白薯块、青苜蓿、精料等；或误食有毒饲草，如毒芹、毛茛等；或采食大量的发霉变质饲料等情况下，均极容易造成瘤胃内容物在短时间内急剧发酵，产生大量气体，形成瘤胃臌胀病。此外，食道梗阻、瘤胃积食、创伤性网胃炎等疾病，也可使诱发牛瘤胃臌胀病。

②主要症状。病牛表现不安,时而躺下时而站起,一会儿踢腹,一会儿打滚。而且嘴边黏附许多泡沫,可视黏膜发绀,食欲废绝,呼吸极度困难。如果不及时治疗,病牛就会因呼吸困难窒息而死亡。

③治疗。治疗原则是排气消胀,缓泻止酵,强心输液,健胃解毒。

A. 病情较轻时,可采用木棍消气法。方法:取一根长 30 cm,粗 2.5 cm 的光滑木棍横插在牛的口腔内,将木棍的两端露出口角的部分,用细绳拴于牛角上,再在口腔中的木棍上涂抹食盐,通过牛的舔食动作,将胃内气体逐渐排出。用食醋 500～1 000 mL,加植物油 500～1 000 mL,一次灌服;灌服泻剂,如硫酸镁 500～1 000 g、液体石蜡油 1 000～1 500 mL、松节油 30～40 mL,加水适量,一次灌服;或用生石灰 500 g,加水 3～4 kg,充分搅拌,放置沉淀后,给病牛灌服上清液。

病情严重时,必须立即排气减压,可采用瘤胃穿刺术,切忌放气过速。

B. 瘤胃穿刺术:a. 部位:一般选择牛左肷窝部,由髋关节向最后一根肋骨水平连接线的中点,距腰椎横突 10～12 cm 处,也可在鼓胀最明显处穿刺。b. 方法:牛站立保定,术部剪毛消毒。在术部做一个小切口,插入套管针向右侧肘头方向迅速刺入 10～12 cm 固定套管,抽出内针,用手指堵住关口,间歇性放气(图 5-2)。如套管堵塞,可用内针疏通,排出气体。为防止复发,可注入消气灵等消气的药物。拔出套管需插入内针,用力压住皮肤慢慢拔出,以防套管内污物污染创道或落入腹腔。对皮肤切口,一针结节缝合。局部涂上碘酊。在紧急情况下,可采用任何利器,进行穿刺,挽救牛的生命。

当排气受阻时,即可进一步确诊为泡沫性臌胀病,需采用药物治疗,灌服消泡剂如聚合甲基硅油 30～60 片。

④预防。避免突然到豆科草地去放牧;用野生牧草喂牛时,禁

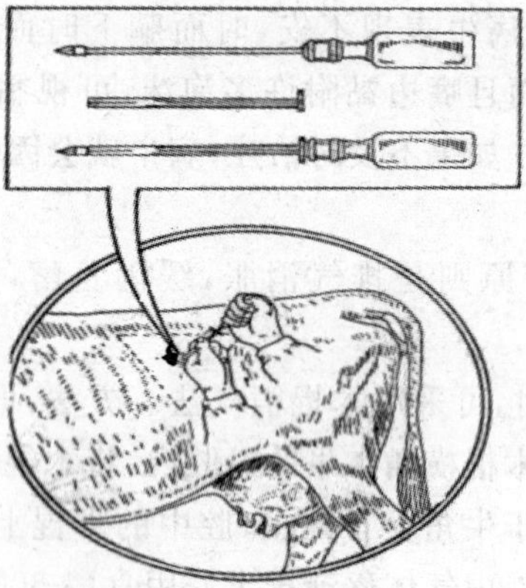

图 5-2　牛瘤胃穿刺术

（选自《赤脚兽医手册》）

止有毒芹、毛茛等混入；发病后要立即停喂豆饼类饲料；要增加牛的运动量，避免多给精料；在更换多汁饲料时一定要逐渐更换，避免突然改变饲料。

(3)肉牛前胃弛缓

前胃弛缓是指前胃神经肌肉兴奋性降低、收缩力减弱、瘤胃内容物运转迟滞引起的一种消化机能紊乱综合征。

①发病原因。该病主要因长期饲喂劣质、粗、硬的饲料、精料过多，突然换料，天气突然变化及糟渣类饲料用量过大等引起；也可因瘤胃膨胀、积食，传染病，寄生虫病，如蛔虫病、梨形虫病等疾病继发。

②主要症状。急性病例初期食欲下降，反刍缓慢或甚至停止，只吃一些干草而不吃精料，厌食酸性饲料，全身反应不明显。病情加重时，病牛精神沉郁、反刍停止、食欲废绝、暖气有臭味，目光呆滞，鼻镜干燥（图 5-3），步态缓慢。瘤胃蠕动音减弱或消失，肠音减弱，粪便干硬，深褐色、便秘。触诊瘤胃内容物松软，多呈面团样，有时呈轻微臌气症状。久病不愈者，伴发胃肠炎或酸中毒，可

排出棕褐色水样黏稠粪便，具有恶臭味。患牛体温下降，呈现脱水状态。

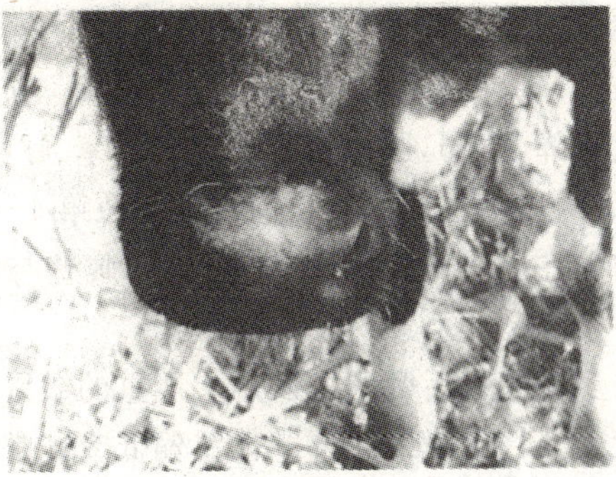

图 5-3 前胃弛缓，鼻镜干燥

慢性病例多数食欲时好时坏，有时呈现异嗜现象。反复不规则，病牛日见消瘦，皮毛蓬乱、无光泽，精神沉郁，皮肤干燥无弹性。

③治疗。治疗的原则是消除病因，兴奋瘤胃，制止瘤胃异常发酵，防止机体酸中毒。

为防止酸中毒可静脉注射 3%～5%碳酸氢钠液 300～500 mL，为兴奋瘤胃可灌服碳酸氢钠、酒精、毛果芸香碱等。酒石酸锑钾 8～12 g，每天服一次，连用 2～3 d，能取得满意效果；可将人工盐 250～300 g 与碳酸氢钠粉 100 g 加水混合一次灌服；也可将 10%葡萄糖酸钙溶液、25%葡萄糖溶液、5%碳酸氢钠溶液各 500 mL 与 5%葡萄糖生理盐水 1 000 mL 混合，一次静脉注射。

④预防。预防本病要坚持合理的饲养管理制度，不能突然变换饲料；要坚持合理的日粮供应，要注意精、粗饲料中钙、磷、矿物质及维生素的比例，要保证有优质充足的干草；为了加强牛体抵抗力，每天坚持 1～2 h 的运动。

(4)肉牛皱胃变位

肉牛皱胃变位即皱胃的正常解剖学位置发生改变，分为左方变位、右方变位和前方变位。多发于高产母牛，通常在分娩前后。这里重点介绍左方变位、右方变位。

①主要症状。左方变位，病牛初期食欲减少，个别牛伴有严重腹痛和瘤胃臌气。粪便减少，深绿色，呈现腹泻，或腹泻与便秘交替出现。泌乳下降，瘦弱，腹围明显缩小。心率、呼吸、体温几乎均正常，约有半数的病牛左侧肷窝正前方的倒数第1～2肋骨处比右侧膨隆(图5-4)，左肷窝处用力触诊，可感知腹壁与瘤胃壁之间有较大的距离。

右方变位多在产犊后数周内发病。严重的皱胃右方变位属皱胃扭转，突然发生腹痛，蹴踢腹部。体温偏低或正常，心跳加快，瘤胃蠕动减弱，粪便呈黑色，带有血液，有的大量腹泻，右腹和左腹膨胀。尿量减少，呈深黄色，重症牛严重脱水，休克和碱中毒。饮、食欲废绝，右腹明显胀大，右肷窝膨隆(图5-5)。黏膜苍白，皮肤及末梢发凉，严重时卧地不起，可能在24 h内死亡。

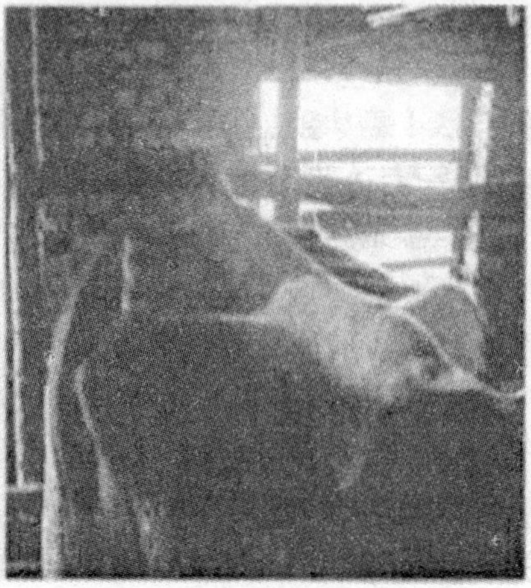

图5-4 皱胃左方变位，左肋弓后上方膨隆

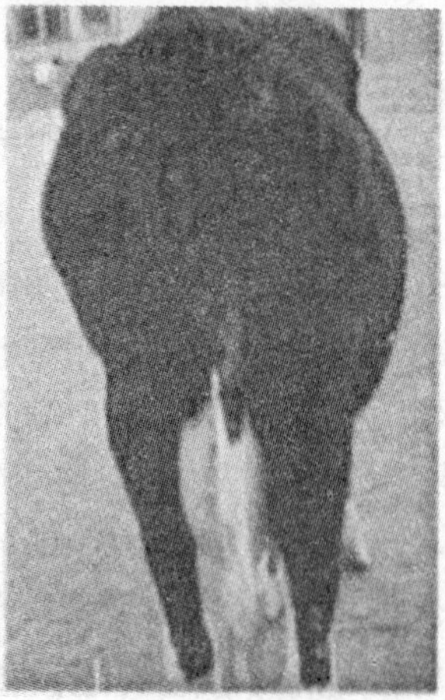

图5-5 皱胃右方变位，右腹部膨隆

②治疗。

A. 左方变位。

a. 滚转法：使牛右侧横卧 1 min，然后转成仰卧（背部着地，四蹄朝天）1 min，随后以背部为轴心，先向左滚转 45°，回到正中，再向右滚转 45°，再回到正中；如此来回地向左右两侧摆动若干次，每次回到正中位置时静止 2～3 min，将牛转为左侧横卧，使瘤胃与腹壁接触，然后马上使牛站立，以防左方变位复发。也可以采取左右来回摆动 3～5 min 后，突然一次以迅猛有力动作摆向右侧，使病牛呈右横卧姿势，至此完成一次翻滚动作，如此反复，直至复位为止。应用此法时应饥饿数日，并限制饮水。

b. 药物疗法：对于单纯性皱胃左方变位，当不能进行手术疗法时，可采取药物疗法。可口服缓泻剂与制酵剂，应用促反刍药物和拟胆碱药物，以促进胃肠蠕动，加速胃肠排空。此外还应静脉注射钙剂和口服氯化钾。若存在并发症，应同时进行治疗。

c. 手术治疗法：术前禁食、导胃，配合麻醉，可用瘤胃减压法、皱胃固定法，侧卧保定，脐后腹中线右旁切口，先复位，再从幽门管至胃底部作 5～6 个间断缝合，皱胃浆肌层与腹膜腹直肌缝合固定于腹壁上，大网膜固定法进行整复并加以固定，防止复发。

B. 右方变位。

a. 手术治疗法：在右腹部第 3 腰椎横突下方 10～15 cm 处，作垂直切口，导出皱胃内的气体和液体；纠正皱胃位置，并使十二指肠和幽门通畅；然后将皱胃在正常位置加以缝合固定，防止复发。

对于早期的皱胃扭转或轻度脱水者，采取术后口服 15～40 L 补液和氯化钾，氯化钾每次 30～120 g，2 次/d；严重病例则应在术前进行静脉补液和补钾（复方氯化钠注射液 3 000～5 000 mL，25％葡萄糖注射液 500～1 000 mL，20％安钠咖注射液 10 mL，静脉注射）。而低钙血症、酮病等并发症在术后应同时进行治疗。

b. 保守疗法可用缓泻剂、镇静剂，配合全身疗法，有的 1 周即可恢复健康。

(5)肉牛瘤胃酸中毒

①主要原因。牛短时间内采食大量富含碳水化合物的谷物类饲料、精料或苹果、葡萄以及酒厂发酵不完全的酒糟等引起。

②主要症状。患牛因采食大量上述饲料后 3～5 h 突然发病，出现食欲废绝，磨牙虚嚼，流涎，瘤胃胀满，蠕动音消失，脉搏增数，呼吸加快，明显脱水，后期卧地不起，角弓反张，进而昏迷而死。根据病史和临床症状极易确诊。有时根据病史就能确诊。

③治疗。平时应防止牛偷吃精料。病牛可用 1%的碳酸氢钠反复洗胃至胃液呈碱性，同时静脉注射 5%的碳酸氢钠 1 500 mL，解除酸中毒。

a. 处方(加味平胃散)。苍术 80 g，白术 50 g，陈皮 60 g，厚朴 40 g，焦山楂 50 g，炒神曲 60 g，炒麦芽 40 g，炮干姜 30 g，薏苡仁 40 g，甘草 30 g，大黄苏打片 200 片(0.5 g/片)。

b. 用法用量。将上药共研细末，牛 0.5 g/kg 体重，用温水调成稀粥状灌服，每天 1 次，连用 2～3 d。

c. 功效。温中化湿，消积散满。

(6)肉牛口炎、咽炎和创伤性网胃炎

口炎、咽炎、创伤性网胃炎主要由混入饲料中的金属异物，如铁钉、铁丝及螺栓等，或石块、沙粒、坚果等尖锐异物机械性损伤口腔、咽部、网胃导致。

①口炎。口炎的主要症状：口腔黏膜红肿、溃烂，流涎，采食、咀嚼缓慢。体温高时，可注射抗生素治疗。

【处方 1】

2%～3%硼酸溶液 100～200 mL，2%龙胆紫溶液 30 mL。

用法：用前者冲洗口腔，用后者涂布溃疡面。

说明：冲洗口腔还可用 1%食盐水，或 1%鞣酸溶液；涂布溃疡面用碘甘油(5%碘酊 1 份、甘油 9 份)或 5%磺胺甘油乳剂。

【处方 2】冰硼散

硼砂 25 g，元胡粉 25 g，冰片 2.5 g，朱砂 3 g。

用法：共为细末，小竹管吹入患部少许。

②咽炎。咽炎的主要症状：咽部红肿、发热、疼痛，吞咽困难，咽下饲料时，头颈伸直，转动不灵活，常将饲料吐出。严重时饲料、饮水从鼻孔中流出，流涎明显。

治疗方法：加强护理，消除炎症。给予柔软饲料和清洁饮水。

【处方1】

a. 0.1%高锰酸钾溶液 500 mL，碘甘油 50 mL。

用法：前者冲洗口腔，后者咽部涂擦。

b. 注射用青霉素钠 400 万 IU，注射用水 20 mL，注射用丁胺卡那霉素 100 万 IU。

用法：一次肌内注射，2 次/d，连用 5 d。

c. 氯化铵 100 g

用法：一次口服，1～2 次/d。

说明：痰多时用。

【处方 2】青黛散

青黛 50 g，黄柏 50 g，儿茶 50 g，冰片 5 g，枯矾 25 g。

用法：研细末，纱布包，口衔。

【处方 3】如意金黄散

天花粉 200 g，大黄 100 g，姜黄 100 g，白芷 100 g，厚朴 40 g，陈皮 40 g，苍术 40 g，甘草 40 g，天南星 40 g。

用法：共为末，适量醋涮，咽部肿胀处外敷。

【处方 4】五味消毒饮

金银花 40 g，野菊花 40 g，紫花地丁 40 g，连翘 40 g，蒲公英 40 g。

用法：水煎，一次灌服。

③创伤性网胃炎。

a. 主要症状。慢性患牛表现为精神沉郁，食欲不振，反刍减少，瘤胃蠕动减弱并经常出现反复的臌胀，排粪减少且粪便干燥，急性患牛则突然发病，体温升高，脉搏次数增加，站立时肘头外展，肌肉震颤，弓背磨牙，站多卧少，卧下起立时缓慢呻吟；上坡运步灵活，下坡拘谨，触诊网胃区，表现疼痛不安，后肢踢腹部，躲闪。后期颈部静脉怒张，颈下、胸前肉垂水肿。偶尔可见病牛“呕吐”出多于瘤胃容量的内容物，表明病牛已出现网胃刺激引起的神经性或压迫性食物反流。

对于症状不明显的病牛，针对腹痛进行认真细致的临床检查是诊断的关键。必要时需辅以实验室检查。具有明显腹膜炎症状者应注意与穿孔性皱胃溃疡鉴别诊断，后者疼痛反应区通常位于中部腹中线右侧且伴有发热。若患病牛前胃中已放置磁铁，则患皱胃溃疡的可能性较大，可使用磁铁探测仪探测网胃内是否存在磁铁。若病牛体温正常，则应与消化不良和酮病相区别，消化不良和酮病病牛没有腹部疼痛症状，而创伤性网胃炎病牛则表现瘤胃活动减弱和尿酮阴性。

b. 治疗。初期应让牛站立在前方较后方高出 15～20 cm 的斜面上，同时肌肉注射抗生素消炎，一般用青霉素 400 万 IU 与链霉素 4 g 混合肌肉注射，效果很好。也可采用投服磁铁保守疗法，以固定金属异物。

亚急性或慢性病例，已出现顽固性厌食、脱水、重度碱中毒时，及早进行补液治疗、抗生素治疗和瘤胃切开术等，仅用保守疗法难以治愈。

c. 预防。1 岁以上的青年牛预防性地投服强磁铁，是目前预防本病的主要手段。在饲料自动输送线或青贮卸料机上安装电磁铁板，以除去饲草中的金属异物。饲料合理加工调制使饲料软化，保持牛舍清洁。

(7) 肉牛食道梗塞

食道梗塞是指食道管腔突然被食物或异物阻塞而引起的疾病。主要由于牛不细致咀嚼就急急忙忙吞食过大的块根饲料，如萝卜、土豆、大头菜、甜菜、玉米棒、未打碎或未浸软的豆饼或胎衣等引起。

①主要症状。病前无任何异常症状,采食中突然停止,头颈伸直,张口呼吸,咳嗽,由于异物阻塞食道不能吞咽唾液,痛苦地从口中流出大量唾液。与此同时由于瘤胃内发酵而产生的气体不能通过暖气排出,而发生急性瘤胃臌胀症。饮水或采食饲料会从鼻腔逆流出来。颈部食道梗塞时,用手可摸到梗塞物。

②治疗。作为本病的应急措施,对于继发性急性臌胀症的牛,应当首先进行瘤胃穿刺放出气体。然后确定异物在食道的位置,用手向嘴中或者胸腔方向边按摩边使异物从食道中排除,这样取不出堵在食道的异物时,可用硬质、口径约 3 cm 的胶管插入食道,将梗塞物捅入胃内。在插管前可先灌注液体石蜡 100～200 mL,这样可起到润滑食道的作用;还可以利用打气筒向食道内打气将异物送到胃中,将胃导管插入食道后,将露于外部的一端接在打气筒上,然后打气。

用上述方法仍达不到目的时,要立刻采用食道切术开以取出异物。

(8)肉牛下痢

①病因。肉牛拉稀一般是胃肠炎引起的。常见的胃肠炎大致分为两类:一类是传染性胃肠炎;另一类是饲喂性胃肠炎。传染性胃肠炎多由细菌、病毒、寄生虫及霉菌引起。饲喂性胃肠炎多为饲喂品质不良的饲料,如霉变的饲料、霜冻的块根饲料、有毒饲料、雨淋后的饲料等引起。

②主要症状。轻度胃肠炎仅表现为消化不良及粪便带黏液。重度的胃肠炎发生初期,精神沉郁,拒食但是喜欢饮水,黏膜潮红,口干有臭味,不安,轻微腹痛,脉搏增数,呼吸加快,心音亢进,体温升高。剧烈腹泻是胃肠炎的主要症状,重症则表现为里急后重现象,排出的粪便有腥臭味,其中混有黏液、血液或坏死的组织碎片。肛门松弛,有时排粪失禁。严重的腹泻可引起脱水及酸中毒,表现为眼球下陷,面部呆板,皮肤弹性丧失,腹部紧缩,尿少色黄,血液浓稠,四肢末端发凉,极度衰竭,卧地不起,呈昏睡状态。

③治疗。治疗原则是补充体液与营养，保温防寒，加强护理，清理胃肠道，排除有毒物质后，消炎止泻。应消除病因，加强护理，绝食 1～2 d 以后喂给少量柔软且易消化的饲料。对疑为传染性的应注意及早隔离和消毒。

a. 西药疗法：

第一，在病初或排恶臭稀便时，排粪并不通畅，应清理胃肠。一般用硫酸钠、硫酸镁或人工盐 300～400 g，加鱼石脂 15～20 g，酒精 80～100 mL，清洁水 4～5 L，一次内服；或用液状石蜡 500～1 000 mL，松节油 20～30 mL，一次内服。

第二，当肠内容物已基本排空，粪的臭味不大但仍腹泻不止时，可以进行止泻。一般用木炭末 100～200 g，清洁水 1～2 L，一次内服；或用鞣酸蛋白 20 g，次硝酸铋 10 g，碳酸氢钠 40 g，淀粉 1 kg，一次内服；或用 0.1%高锰酸钾液 3～5 L，一次内服，1～2 次/d。

第三，消炎措施应贯穿于整个治疗过程中。一般可用磺胺脒 15～25 g，3 次/d，首次量加倍；或用黄连素 4～8 g，每天 3 次灌服；或用三甲氧苄氨嘧啶注射液(TMP)10 mg/kg 体重，肌肉或静脉注射，每 12 h 注射 1 次，共 4 次。也可用 10%黄连素 30～40 mL，肌肉注射，3 次/d。

第四，如有脱水和酸中毒，可用 5%葡萄糖生理盐水 3 000～5 000 mL 或复方氯化钠 2 000 mL，维生素 C 2 g，混合后静脉注射，接着再静脉注射 3%～5%碳酸氢钠溶液 500～1 500 mL。

b. 中药疗法：治宜清热解毒，燥湿止泻。

郁金散：郁金、白芍、黄连、木香、黄芩、黄柏各 30 g，大黄、栀子、茯苓各 25 g，水煎灌服。

白头翁汤：白头翁 60 g，秦皮、苦参、黄柏、滑石、赤芍各 30 g，木香、郁金、木通各 25 g，水煎灌服。

④怎样预防。对本病的预防主要是加强饲养管理，喂给优质饲料，注意饮水清洁，合理调制饲料，不要突然更换饲料。如发现

有可疑传染性胃肠炎病牛，应注意及时隔离消毒。

(9)肉牛瓣胃阻塞

①瓣胃阻塞的原因。原发性瓣胃阻塞，主要是由于长期饲喂细碎坚实的饲料如麸皮、糠皮，或饲喂坚韧而难以消化的饲料如豆秸等，饲料中如混有泥沙则发病更为严重

继发性瓣胃阻塞，多见于前胃弛缓、瘤胃积食、瓣胃炎、网胃与膈肌粘连、真胃变位、血原虫病及其他热性病。

②主要症状。病初患牛精神沉郁，食欲、反刍减少，空嚼磨牙，鼻镜干燥，嗳气增加，口腔潮红，眼结膜充血，产乳母牛产乳量降低，前胃弛缓，瘤胃鼓气或积食。严重时，食欲废绝，鼻镜龟裂，眼结膜发绀，眼凹陷，呻吟，磨牙，四肢无力，全身肌肉震颤，卧地不起。粪减少，呈胶冻状、黏浆状、恶臭，后呈顽固性便秘，粪干燥呈球状、扁硬状、分层，粪球外附白色黏液。尿减少，呈深黄色，后期无尿，呼吸、体温和脉率基本正常。

在右侧第7～9肋间，肩关节水平线上听诊瓣胃，初期蠕动微弱，后期完全停止。触诊瓣胃时，患畜有痛感。

当全身症状恶化时，可迅速引起死亡。

③治疗。

a. 轻症病例。可内服泻剂：如硫酸镁或硫酸钠500～800 g，水5 000～8 000 mL，或液状石蜡1 000～2 000 mL，或植物油500～1 000 mL。为促进前胃蠕动，可用10%氯化钠液300～500 mL、10%氯化钙液100～200 mL、20%安钠咖注射液10～20 mL和5%碳酸氢钠500 mL，1次静脉注射。配合肌肉注射新斯的明，效果更好。

b. 重症病例。可行瓣胃注射术。

手术用具：大套管针或盐水针头、外科刀、缝合器材、打毛剪。

术部：在右侧第9～11肋骨前缘与肩端水平线交点的上下8 cm范围内。一般以第9肋间较好(图5-6)。

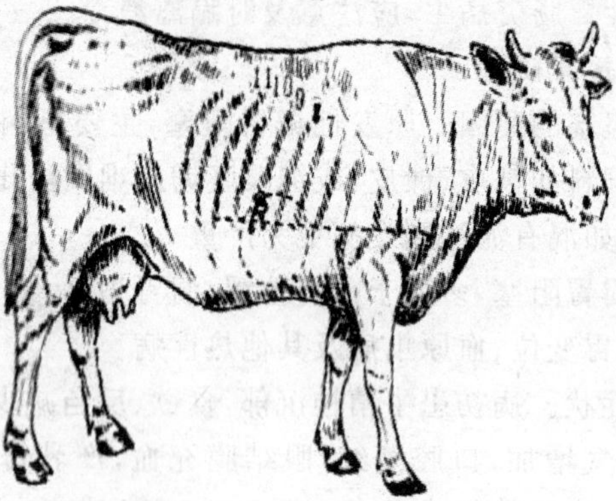

图 5-6　瓣胃注射部位

（选自《赤脚兽医手册》）

方法：第一步牛的保定。先用一手握紧牛角，然后另一手拉提鼻绳或以拇指和食指、中指捏住牛的鼻中隔加以固定。或将牛拴在木桩或树干上，然后用绳将两后肢跗关节的上方绑在一起。

第二步瓣胃注射术。用 15～20 cm 长的穿刺针，稍向前下刺入 10～12 cm，当感觉抵抗力消失时，即进入瓣胃内（为慎重起见，可先注射少量生理盐水，稍等片刻，回抽注射器；如液体为黄色混浊或有草屑时，可证明刺入正确，否则应重新刺入），然后注入药物，并应变换针头的深浅度及方向，作多点注入。注射后用手指堵住针孔，防止药液倒流，稍待片刻再慢慢拔出针头，术部涂以碘酊。

注射药物一般用硫酸钠 300 g、甘油 500 mL、常水 1 500～2 000 mL，1 次注入。也可用硫酸镁 400 g、普鲁卡因 2 g、呋喃唑酮 3 g、甘油 300 mL，常水 3 000 mL，1 次注入。

注意事项：如能抽到食物污染的液体（草渣）时证明已刺入瓣胃内，如果抽不到则说明位置不对，重新确定注射部位后再刺入，直至抽到食物污染的液体。

c. 中药治疗。先灌服植物油 2 000～3 000 mL，3 h 后再灌服下列中药：大黄 70 g、芒硝 200～300 g、莪术 40 g、青皮 60 g、当归

80 g、枳实 50 g、三棱 40 g、陈皮 50 g、黄芩 40 g，共研细末，适量蜂蜜为引，开水冲服，如果病牛不吃草，反刍停止，加三仙各 70 g、二丑 40 g，玉片 40 g。如果病牛便血、带黏液，加栀子 40 g、白头翁 45 g，黄连 30 g。

④预防。注意饲料配合，少喂坚硬含粗纤维多的饲料，增喂青绿饲料。防止单喂麸皮、谷糠类饲料。保证充足的饮水，给予适当运动。

(10)牛皱胃阻塞

皱胃阻塞又称皱胃积食，真胃阻塞，是由于皱胃弛缓，内容物滞留，胃壁扩张而形成阻塞不通的一种疾病。

①发病原因。原发性皱胃阻塞是由于饲养管理不当而引起的。由于冬春缺乏青绿饲料，用铡碎的谷草、麦秸、玉米秆、高粱秆喂肉牛，常引起发病。或由于消化机能和代谢机能紊乱，发生异食，舔食沙石、水泥、毛球、麻线、布、木屑、塑料薄膜而引起机械性皱胃阻塞。犊牛也可因大量乳凝块滞留而发生皱胃阻塞。继发性阻塞常继发于皱胃弛缓。

②主要症状。病初食欲减退，反刍稀少、短促或停止，瘤胃蠕动音减弱，瓣胃音低沉；排粪迟滞，粪便干燥。随着病情发展，病牛精神沉郁。被毛逆立，鼻镜干燥或干裂，但体温通常正常；食欲废绝，反刍停止。病牛常常做排粪姿势，但粪量明显减少，有时排出少量糊状、棕褐色的恶臭粪便，混杂少量血液或紫黑色血丝和血凝块；尿少而浓稠，呈黄色甚至深黄色，具有强烈的臭味。

腹围显著增大，右下腹膨大下坠。在肋骨弓的后下方皱胃区作冲击式触诊，病牛有躲闪、反抗等敏感表现，同时感触到皱胃体积显著扩张而坚硬。瘤胃内容物充满或积有大量液体，瘤胃与瓣胃蠕动音消失，肠音微弱；当瘤胃大量积液时，冲击式触诊呈现拍水音。直肠检查有少量粪便和成团的黏液，混有坏死黏膜组织。

疾病末期，病牛出现严重脱水和自体中毒症状。精神极度沉郁，虚弱，皮肤弹性减退，鼻镜干燥，眼窝凹陷；结膜发绀，舌面皱缩,血液浓稠,心率达 100 次/min 以上,呼吸加快。

③治疗。

a. 消积化滞,防腐止酵。可用硫酸钠 300～400 g、液体石蜡(或植物油)500～1 000 mL、鱼石脂 20 g、酒精 50 mL、常水 6 000～8 000 mL 内服。也可皱胃注射 25%硫酸钠溶液 500～1 000 mL、液体石蜡 500～1 000 mL、乳酸 8～15 mL 或皱胃注射生理盐水 1 500～2 000 mL。注射部位为右腹部皱胃区(第 12～13 肋骨后下缘)。

b. 强心、补液、健胃。可用 5%葡萄糖生理盐水 2 000～4 000 mL,20%安钠咖溶液 10 mL;或 40%乌洛托品注射液 30～40 mL,静脉注射。用 25%维生素 C 注射液 20 mL,肌内注射。可适当地应用抗生素或磺胺类药物,防止继发性感染。

当发生自体中毒时,可用撒乌安注射液 100～200 mL 或樟脑酒精注射液 200～300 mL,静脉注射。

c. 瘤胃或皱胃切开术。由于皱胃阻塞,多继发瓣胃秘结,药物治疗效果不好。因此,在确诊后要及时施行瘤胃或皱胃切开术。

71. 如何防治肉牛常见的寄生虫病?

(1)肉牛消化道线虫病

牛消化道线虫病是指寄生在消化道中的多种线虫引起的寄生虫病。这些虫体寄生在牛的第四胃、小肠和大肠中,在一般情况下多呈混合感染。

①主要症状。主要表现为明显的贫血,体重下降,腹泻。严重的有持续性腹泻,排出带黏液和带血的粪便;幼牛发育受阻,严重消瘦,下颌水肿,还有神经症状,最后虚脱死亡。

②治疗。在治疗中,用来治疗牛消化道线虫的药物很多,现介绍以下药物。

左旋咪唑:肌肉注射,每千克体重用 10 mg;内服,每千克体重用 5～6 mg。

伊维菌素注射液：每千克体重用药 0.2 mg，皮下注射，不宜肌肉或静脉注射，注射部位在肩前、肩后或颈部皮肤松弛的部位。

丙硫咪唑：内服，每千克体重用 5～10 mg。

敌百虫：每千克体重用 0.04～0.08 g，配成 2%～3% 的水溶液，灌服。

③预防。第一，改善饲养管理，饲喂营养全价饲料，以增强机体的抗病能力。加强粪便管理，防止污染饲料及水源，牛粪应放置在远离牛舍的固定地点，集中堆肥发酵，以消灭虫卵和幼虫。第二，应避免在低洼潮湿的牧地上放牧。避开在清晨、傍晚和雨后放牧，防止第三期幼虫的感染。第三，每年应在 12 月末至翌年 1 月上旬，进行一次预防性驱虫。

(2)肉牛肺丝虫病

①主要症状。主要症状是频繁咳嗽、呼吸困难、呈腹式呼吸、食欲减退、可视黏膜苍白、肺部听诊有啰音、下痢及腹水等。特征症状是病牛将头颈部伸向前方，张口伸舌，好像要吐出异物那样连续不断地咳嗽。

②治疗。治疗此病的药物很多，临床治疗效果较好的有下列药物。

左旋咪唑：按每千克体重 8～10 g 投予最为有效，但对未成熟的虫体效果不佳，所以，应间隔 20～30 d，制成水剂再口服给药2～3 次。

海群生：按每千克体重 0.2 g，口服给药对感染早期效果较好。

另外，伊维菌素、丙硫咪唑等都可使用。

为了防止细菌的继发感染，应该投予抗生素或注射营养剂。本病还经常与焦虫类疾病混合感染，所以要对症治疗。对慢性经过而瘦弱贫血的病牛，要给予营养全价的饲料并保持良好的饲养环境，使其尽快恢复体力。

③预防。预防本病，每年必须定期驱虫；注意放牧和饮水卫生；必要时进行药物预防。在肺丝虫病的常发地区，因隐性感染牛

较多，所以，要对全群牛进行粪便检查，如果阳性牛占检查牛的1/3，则应对全群牛投予驱虫药。

(3)肉牛焦虫病

这是由焦虫寄生在肉牛红细胞内引起的疾病，其特征性症状是发烧和贫血。牛与牛之间的感染是以蜱为媒介广泛传播。2岁以内的牛感染率高，但症状不明显，易耐过。成年牛感染率低，但发病后病情严重，死亡率高。1～7月龄的犊牛多发，8月龄以上的牛发病较少，成年牛多呈带虫者。本病多发生于夏、秋两季。

①主要症状。病初出现体温上升至40℃以上的高烧症状，呈稽留热，继之病牛精神沉郁、食欲废绝、四肢呈无力状态。一般在发病3～4 d后出现严重贫血、黄疸并排泄深黄色尿液，体表淋巴结尤其是肩前淋巴结明显肿大，有痛感。血液稀薄，不易凝固，病牛迅速消瘦及衰弱，全身无力，起立及行动艰难，迈步困难甚至不能迈步，有时卧地不起，皮肤上出现出血斑点。孕牛大多流产，严重的在发病后1周内死亡。

②治疗。在牛群中，如果发现眼结膜和阴道黏膜苍白、发烧、排红色尿等症状的牛时，应该首先怀疑本病。要使病牛保持绝对安静，尽可能地减轻不良环境刺激。

对贫血和衰弱牛，应静脉注射5%葡萄糖、复方氯化钠、强心剂、维生素类制剂等营养剂。在贫血较严重时，应输健康牛血2～3 L。

【处方1】

贝尼尔(血虫净)1.75 g。

用法用量：3.5 mg/kg体重，用注射剛水配成7%溶液，臀部深层肌肉一次注射，隔日1次，连用2～3次。

【处方2】

黄色素注射液(盐酸吖啶黄)100～200 mL。

用法：用生理盐水配成0.5%～1%溶液，静脉注射，3～4 mg/kg体重。必要时隔1～2 d再重复1次。

【处方3】

贯众80 g，槟榔45 g，木通40 g，泽泻40 g，茯苓30 g，龙胆草30 g，鹤虱30 g，厚朴35 g，甘草15 g。

用法：水煎，一次灌服。每天1剂，连用2～3剂。可先用【处方2】一次后续用本方。

③预防。放牧前要使牛能很好地适应野外环境；使牛能得到充分且良好的饮水和足够且营养均衡的饲料；对气候骤变有充分的准备；制定观察牛群的制度。一经发现病牛，应尽量保持安静，给予优质充足的饲料，精心护理。

对污染的放牧场使用喷粉法或喷雾法定期喷撒杀蜱药剂的同时，应该注意改良放牧场和整理环境，使蜱难以生存。另外，非感染放牧场不能轻易从污染的牧场引进牛只。

(4)肉牛疥癣病

疥癣病是由于疥癣螨虫寄生引起的皮炎。

①主要症状。病初出现粟粒大的丘疹，随着病情发展出现剧烈发痒的症状。特别是耳部、臀部、尾根部、肛门、四肢、腹部等较严重。有时也发生于背部、胸腹及鼻孔周围，由于发痒，病牛不断地在物体上蹭皮肤，而使皮肤鳞屑增加、大面积脱毛，致使皮肤变得又厚又硬。如果不及时治疗。一年内会遍及全身，病牛明显消瘦。

②治疗。在治疗中首先将毛剪掉，清除尘土污垢及浮着的痂皮等，再用温和的来苏儿水，肥皂水及草木灰水等刷洗病部或全身。必要时应湿透后稍待片刻，使痂皮软化再用木刀刮去痂皮，操作时注意尽量勿使出血，刷洗干净后待表面干燥，即可用阿维菌素、蝇毒磷、亚胺硫磷、二嗪农等药浴或涂抹等治疗。涂药可用抹布或毛刷来回用力涂擦。使药物深入毛根周围，如果面积过大可分次治疗，通常涂药不能超过体表面积的1/3。杀螨药一般不能杀死其虫卵，因此，作用不能维持较久的药物(如敌百虫)隔5～7 d

须再行涂药，以杀死从卵中新孵出的幼虫。涂药后的病牛须隔离饲养，注意护理，特别是在严寒季节要防冻。工作人员的衣服及器械、场所等均须彻底清扫、洗、刷及消毒。清除下来的所有东西均可能存有虫体、卵，所以一定要收集起来烧掉，以防散虫造成感染。

③预防。预防疥癣病首先要改善饲养管理，牛舍要通风干燥，坚持每天刷拭，保持牛体卫生。破坏适于虫体生存生长、繁殖的条件；如果发现病牛应立即采取措施，进行隔离治疗；对已有虫体的牛群在暖和的季节里，应采取预防性治疗措施杀灭虫体，防止入冬后蔓延开来。

(5)肉牛肝片吸虫病

肝片吸虫病俗称“柳叶虫病”，本病是由于肝片吸虫或大片吸虫寄生于牛的肝脏和胆管，引起急性或慢性肝炎和胆管炎。

①主要症状。牛感染本病后多呈慢性发病，但由于长期侵害，导致牛的抵抗力逐渐降低、体质衰弱、皮毛粗乱易脱落无光泽。感染严重时，食欲减退、消化紊乱、黏膜苍白、贫血、黄疸。后期病牛下颌部、胸部出现水肿，最后极度衰弱而死亡。发育期的犊牛严重感染时，不但影响其生长发育，而且有导致死亡的危险。

②治疗。

【处方 1】

硝氯酚(拜耳 9015)2～3.2 g。

用法用量：3～4 mg/kg 体重，一次灌服。

【处方 2】

丙硫咪唑（抗蠕敏）4～6 g。

用法：一次灌服，每千克体重 10～15 mg。

【处方 3】

贯众 50 g，槟榔 30 g，龙胆 12 g，泽泻 12 g，鹤虱 30 g，大黄 30 g。

用法：共研末加温水冲服。

说明：适用于病初，以杀虫为主。

【处方4】肝蛭散

苏木30 g,贯众45 g,茯苓30 g,槟榔30 g,木通20 g,泽泻20 g,肉豆蔻20 g,龙胆草30 g,甘草20 g,厚朴20 g。

用法:共为末,一次温水灌服。

③预防。在本病的污染区,一年春、秋两季即3月份和11月份各进行一次驱虫,对牛的粪便应经堆积发酵后再作肥料用。应用硫酸铜、石灰等药物彻底消灭在水草中繁殖的椎实螺,以切断本虫的传染途径,不应在有肝片吸虫病原的潮湿牧场或低洼地带放牧。

(6)肉牛皮蝇蚴病

牛的皮蝇蚴是由牛皮蝇和蚊皮蝇的幼虫寄生于皮下组织引起一种慢性寄生虫病。预防本病主要是每年春初普遍进行一次驱虫。

①主要症状。开始引起局部瘤状肿胀,形成一个指头大小的隆起,隆起上有绿豆大的小孔(直径为0.1～0.2 mm),小孔的周围堆积着干涸的脓痂,并能从皮肤穿孔处挤出幼虫。幼虫钻入皮肤可引起病牛瘙痒,恐惧不安和局部疼痛,严重影响牛的休息和采食。幼虫在牛体内长期移行,严重影响牛皮革的商用价值。皮蝇蚴的毒素使牛的血液和血管壁受到损害,因此出现贫血、消瘦,严重感染时可导致病变部位血肿和皮肤蜂窝组织浸润。

当成蝇的雌虫产卵时,引起牛只不安、恐惧、喷鼻、瞪目、竖尾进而奔跳、摇尾、狂奔、蹶踢等症状。日久采食减少,导致身体消瘦,有的可造成外伤和怀孕母牛流产。

②治疗。消灭本病的关键就是除掉在牛背部皮下的幼虫,使其不再变成蝇,切断其以后的传播。

a.直接灭虫法:在春季检查牛背时,发现牛皮肤上的皮孔增大,可看到幼虫的后端,以手指用力挤出虫体并消灭之。或在每个肿胀处注入2%敌百虫溶液,效果很好。

b.药物治疗法：

【处方1】

皮蝇磷，按每千克体重100 mg，一次口服。

【处方2】

10%敌百虫溶液，按每千克体重30～40 mg，进行肌肉注射。

【处方3】

亚胺硫磷乳油12 g。

用法：泼洒或点滴牛背部皮肤，按30 mg/kg(体重)用药。

【处方4】

葫芦茶60 g，陈石灰15 g。

用法：共捶烂敷封患处。

(7)肉牛球虫病

牛球虫病以出血性肠炎为特征，主要发生于犊牛。本病多是由艾美耳属中的2种球虫所致的，主要表现为带血性腹泻。

①主要症状。本病感染率特别高。病初出现轻度下痢，不久即排黏液性的血便，甚至带有红黑色的血凝块及脱落的肠黏膜，粪便恶臭。由于排黏液性血便，尾部、肛门及臀部被污染成褐色，在墙壁和牛床上可见到散在的红褐色的下痢便。症状进一步发展后，病牛严重脱水，弓腰努背，由于腹痛用后肢踢腹部，并不断地努责，如果治疗不及时终会因衰弱而死亡。

②治疗。

氨丙啉：口服，按每千克体重0.02～0.05 g，每日1次，连用5～6 d；或混在饲料中喂给，按每千克体重0.145 g，连用21 d。

磺胺二甲基嘧啶：按每千克体重0.1 g口服，每日1次，可连续应用7～10 d。对重症牛特别是犊牛，应当进行输液等对症疗法。

莫能菌素：按每千克体重0.03 g混在饲料中喂给。

盐霉素：按每千克体重0.33～1 mg混在饲料中喂给，连用21 d。

③预防。预防球虫病应加强饲养管理，搞好牛舍卫生，及时清

理排出的粪便，每日更换新的垫草，保证饮水的清洁和给予优质干净的干草。对污染的牛栏、牛床要及时用2%氢氧化钠溶液消毒，及时治疗病牛。

72.肉牛常见普通病有哪些？如何防治？

(1)肉牛乳房炎

①发病原因。乳房炎是肉用母牛的一种多发性疾病，发病原因主要是牛舍潮湿，通风不良，粪尿不及时清扫等。

②主要症状。乳房感染部分肿胀、皮肤发红、温度增高，牛犊吸奶时有痛感。若不及时治疗，该病对母牛和牛犊的生长都会带来不良影响。

③治疗。对病牛和潜在排菌牛做隔离治疗。治疗乳房炎要根据不同病情采取适当疗法。炎症初期冷敷，以后热敷或涂鱼石脂软膏或碘软膏。有全身症状时肌内注射青霉素200万～240万IU，每隔6～8 h注入1次，同时，注射链霉素，可获得更好的效果。也可用四环素治疗。

④预防。

a.注意清洁卫生。厩床保持干燥，不要有尿积留，垫草要干燥、柔软，牛体要每天刷拭，保持干净。

b.合理饲养。肉用牛犊哺乳期间，尽量控制催乳性饲料饲喂。

c.注意产后护理，尽量避免污染牛的后躯。

(2)肉牛感冒等呼吸道疾病

①肉牛感冒、肺炎等呼吸道疾病的原因。肉牛抗病力比较强，但如果饲养管理不当，受寒冷或汗后受寒冷风雨，寒夜露宿，贼风吹袭，皆能降低机体的抵抗能力而发生感冒。感冒后的病牛如果不能及时治疗护理，就可加重病情，引起支气管炎、肺炎等呼吸性疾病。

②肉牛感冒。

a. 主要症状。病牛精神沉郁，耳尖、鼻端发凉，鼻镜干燥，体温升高，食欲不振，反刍停止，病初期流清鼻涕，以后流浓稠鼻涕，粪便干燥，弓背发抖，甚至躺卧不起。

b. 治疗。30%安乃近或复方氨基比林 20～30 mL，每日 1 次，肌肉注射；或安痛定 20～30 mL，隔日一次肌肉注射。生姜 30 g，葱白 250 g，红糖 60 g 煎服，或银翘解毒丸 15～20 丸，一次服用。

土偏方疗法：

【处方 1】一点红（鲜全草）124 g、积雪草（鲜全草）250 g、紫苏（鲜全草）45 g、鲜桑叶 93 g、鲜葱 124 g。

用法：加水 5 kg，煎至半量，温服。

【处方 2】葱白 300 g，苏叶 150 g，大蒜 100 g，橘皮 100 g，生姜 50 g，水煎内服。牛流感还可针灸太阳穴、耳尖穴、山根穴、百会穴等。

③肉牛支气管炎、肺炎。

A. 主要症状。支气管炎、肺炎多发生于早春、晚秋及气候多变的时候。患牛临床表现以咳嗽、流鼻液、不定热型和支气管啰音为特征。急性支气管炎先有干咳，咳嗽频繁，伴有疼痛，后转为湿性长咳，出现支气管啰音。初期体温轻度升高 0.5～1℃，脉搏加速，呼吸困难，精神沉郁，食欲减少或废绝，反刍减少或停止，初期流浆液性鼻液，后变为黏液性或黏液脓性鼻液（图 5-7）。随着病情的发展转为肺炎时，全身症状加重，病牛运动时呈腹式呼吸，严重的呼吸困难，眼结膜发绀。呼吸浅而快，站立不动，头颈伸直，张口伸舌，呈痛苦状，并有阵发性咳嗽。脉搏加快，每分钟可达 60～100 次。

B. 治疗。本病治疗原则是注意护理，消除炎症，祛痰止咳，以及制止渗出和促进炎症性渗出物的吸收和排除。

a. 西药疗法：

第一，对频发咳嗽的病牛可用镇咳药。如氯化铵 15 g，杏仁水 35 mL，远志酊 30 mL，温水 500 mL，一次内服；氯化铵 20 g，碘化

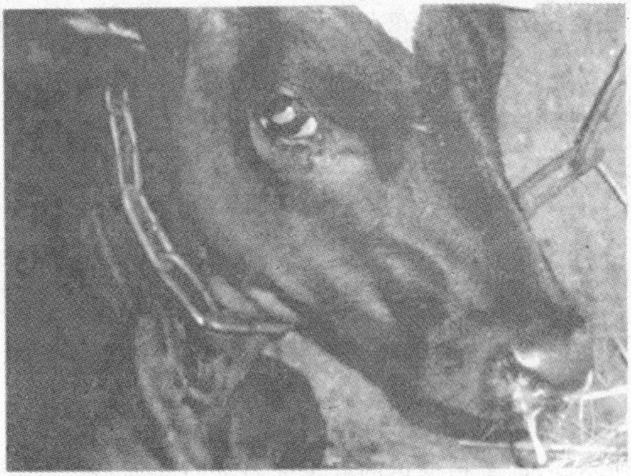

图 5-7　支气管肺炎，脓性黏液性鼻液

钾 2 g，远志末 30 g，温水 500 mL，一次内服。

第二，病牛频发痛咳、分泌物不多时，可选用镇痛止咳剂。如复方樟脑酊 30～50 mL，一次内服；磷酸可待因 0.2～2 g，温水 500 mL，一次内服；枇杷止咳露 200～250 mL，一次内服。

第三，为消除炎症，可应用抗生素或磺胺类药物。如青霉素、链霉素各 240 万～400 万 IU，红霉素(4～8 mg/kg 体重)、新霉素(4 mg/kg 体重)、苄星青霉素(2 000～4 000 IU/kg 体重)、氨苄青霉素(4～11 mg/kg 体重)等抗生素，肌肉注射；还可应用四环素、卡那霉素、庆大霉素等。如直接向气管内注入抗生素，则效果更佳。一般用青霉素 320 万 IU，或链霉素 2 g，溶于 15～20 mL 蒸馏水，缓慢向气管内一次注入，1 次/d，连用 5～6 次为一个疗程。

第四，当发生呼吸困难时，可用氨茶碱 1～2 g，一次肌肉注射；5%麻黄碱溶液 4～10 mL，一次皮下注射；3%过氧化氢溶液 500 mL，25%葡萄糖液 1 500 mL，静脉点滴注射；为增强心脏机能，可用强心剂，如 20%安钠咖液、10%樟脑磺酸钠液等。

b. 中药疗法：宜清热降火，止咳去痰。

可用款冬花散:款冬花 30 g,知母 24 g、贝母 24 g,马兜铃、桔梗、杏仁、双花、桑白皮、黄药子、郁金各 18～20 g,共研为末,开水冲调,待温灌服。或桑自皮、地骨皮、葶苈子、天冬、知母、贝母、黄芩、麦冬、桔梗各 24～30 g,甘草 18 g,水煎灌服。

④感冒、肺炎等呼吸性疾病的预防。加强饲养管理,对预防肉牛感冒、支气管炎、肺炎很重要,对感冒的病牛加强护理,牛舍要清洁、通风、保温,喂以柔软、易消化、无尘土的饲料。适当运动。多晒太阳,勤饮清洁水。

(3)肉牛中暑

①肉牛中暑的原因。日射病和热射病统称中暑,两者的致病原因有所不同,前者是炎热的夏季受日光直接而持久的照射使全身受热,造成大脑重度充血;后者是在炎热的环境中,牛舍狭窄拥挤,运输中通风不良,心脏衰竭,过肥等因素,使体内的热大量产生而很少散发,因而引起全身过热,导致中枢神经系统机能紊乱。

②主要症状。病初患牛迅速出现脑机能迟钝及衰弱,精神委顿,步态不稳,摇晃不定,脉快而弱,张口伸舌,呼吸增数而困难。病情发展迅速,严重时可大量出汗,有昏迷虚脱的趋势。后期患牛心跳快而微弱,呼吸疾速、浅表,体温升高可达 42～43℃,并呈现兴奋状态,甚至出现狂暴或显著的神经性抽搐。黏膜潮红,并逐渐变为蓝紫色,口腔和舌面干燥,随后变为虚脱而伏卧于地,呈昏迷状态,呼吸极度困难,最后因肺水肿及心肌麻痹而死亡。

③治疗。以迅速降温、改善心肺循环为治疗原则。

a.冷敷及西药疗法:

第一,冰块敷在头部、冷水淋透全身、冷水灌肠、电风扇吹风,同时立即将病牛移至阴凉通风处等。

第二,颈静脉放血 1 000～2 000 mL。

第三,生理盐水 2 000～4 000 mL,15%安钠咖注射液20 mL,静脉注射。

第四,2.5%盐酸氯丙嗪注射液 20 mL,肌肉注射。适用于兴奋不安的病牛。

第五，病牛病情稳定后，如需缓解脑水肿，可应用 50%的葡萄糖注射液 1 000 mL，静脉注射。可同时应用 25%的甘露醇注射液 500 mL，以提高疗效。

b. 中药疗法：以清心热，解暑邪为主。

清暑香薷饮：香薷、藿香、佩兰、青蒿、杭菊花、天竺黄、栀子、生地、黄芩、茯神各 30～45 g，水煎去渣，待冷，加鸡蛋清 5 个，灌服。

止渴人参散：党参、石膏、芦根、竹叶各 60 g，茯神、黄连、玄参、香薷、石菌蒲、远志各 30 g，甘草 25 g，水煎灌服。

73. 容易引起肉牛中毒的饲料有哪些？如何预防？

(1)肉牛尿素中毒

尿素中毒是肉牛饲喂尿素时由于饲喂不当或饲喂过多等引起。当饲喂方法不当或饲喂过多时，能产生大量的氨，而瘤胃微生物来不及加以利用，大量的氨经瘤胃壁进入血液、肝等组织器官，致使血氨增高，侵害神经系统而发生中毒。

①临床症状。牛过食尿素后 0.5～1 h 即可发病。病牛表现沉郁、痴呆，继而呈现不安、呻吟、流涎、肌肉震颤、体躯摇晃、步态不稳，反复痉挛，呼吸困难，脉搏每分钟可增至 100 次以上，从鼻腔和口腔流出泡沫样液体。末期全身痉挛、出汗，眼球震颤，肛门松弛，常于几小时内死亡。

②治疗。尿素中毒时最好的方法是大量灌服冷水，并灌服食醋或稀醋酸等弱酸，如醋酸 500 mL，糖 250～500 g，清洁水 500 mL，或食醋 1 000～2 000 mL，加水，一次内服，其目的是降低瘤胃 pH，减少尿素分解吸收。当中毒病牛发生急性瘤胃臌气时，必须立即进行瘤胃穿刺术放气，切记放气速度不能太快；停喂可疑饲料，静脉注射 10%的葡萄糖酸钙溶液 300～400 mL，或 10%的硫代硫酸钠溶液 100～200 mL，同时应用强心剂、利尿剂、高渗葡萄糖等治疗。

③预防。严格尿素的保管和使用制度，防止牛误食；停止使用受雨淋或潮解的尿素；严格掌握用量；尿素以拌在饲料中喂给为好，但不宜与大豆、豆饼混合饲喂，不得化水饮服或单喂，喂后 2 h 内不能饮水；如日粮蛋白质已足够，不宜添加尿素；犊牛不宜使用尿素。

(2)肉牛霉变饲料中毒

①中毒原因。饲料保管、贮藏不善，或长时间下雨，饲料变质，霉菌污染导致霉变，产生毒素后，若仍然用于饲喂牛，则极易发生中毒。

②主要症状。一般呈慢性经过，病牛精神委顿，反应淡漠，有时垂头呆立，似昏睡状，触摸皮肤任何部位时，感觉很敏感，不愿行走，强迫行走时，步态蹒跚，有时也兴奋不安。眼由羞明、流泪，逐渐变为视力障碍，可发生在一眼或两眼。厌食、反刍和胃蠕动减慢，表现有前胃迟缓症状，呈现出间歇性腹泻，粪中可夹杂有血液、黏液，或腹泻与便秘交替出现。有时有腹水，被毛粗而逆立，牛只迅速消瘦。有的病牛在颌下、前胸及四肢出现水肿。少数病牛惊恐不安，转圈运动，以致昏迷死亡。

③治疗。一旦发现有霉变饲料中毒时，应立即停喂，查出有霉变的饲料。

a. 西药疗法。主要是排毒、解毒，可用人工盐 200～300 g 加水灌服，或用硫酸钠等泻剂；并可用 50％葡萄糖注射液 500～1 000 mL，复方氯化钠溶液 1 000～2 000 mL，添加维生素 C 0.5～1.0 g 作静脉注射；或用 5％葡萄糖生理盐水 1 000 mL，20％的安钠咖 10 mL，40％的乌洛托品 50 mL，四环素 250 万 IU，静脉注射。强心剂可用 25％尼可刹米注射液 20～30 mL，肌肉注射，或用 10％樟脑磺酸钠注射液 30 mL 肌肉注射。镇静剂可用 10％溴化钠或溴化钙 200～300 mL，静脉注射，也肌肉注射盐酸氯丙嗪注射液。

b.中药疗法。以清热解毒利湿为主。

银翘解毒散加减：银花炭、连翘壳、紫丹参、白茯苓、银柴胡、杭白芍、醋香附、炒白术（土炒）、益母草、茵陈蒿、车前子、地肤子各30～60 g，生甘草25 g，水煎去渣，候温，用胃导管投服。加减：如出现腹痛泄泻，加五味子、地榆、诃子肉。

单方草药：一是蒲公英注射液，肌肉注射15～25 mL（每毫升相当于生药5 g）；二是用大米250 g熬粥，加芒硝150～250 g，一次灌服；三是防风20 g，甘草30 g，煎水，加生绿豆粉500 g，白糖100 g，水1 000 mL，混合灌服。

④预防。防止霉变饲料中毒的根本措施是不让饲料霉变。所以在饲料收获、运输、加工和贮存过程中应注意各个环节的保管和防潮，并经常检查，如有发霉迹象时，尽量提早翻晒处理，霉变程度严重的饲料应予以销毁。饲料按计划采购，并做到现购现喂，防止长期堆放。

(3)肉牛地瓜黑斑病中毒

①中毒原因。因牛食入大量的黑斑病地瓜而引起的。霉烂的地瓜表面呈暗褐色或黑色斑点状、斑块状，味道极苦，此苦味物即本病产生的毒素（薯酮），能耐高温，不论生喂、煮熟和磨浆制粉后的残渣，都能引起牛中毒发病。

②主要症状。典型症状是严重呼吸困难，急性肺水肿和肺间质气肿，故又有牛喘气病之称。根据中毒的程度及中毒后的病程长短，临床上分为最急性、急性和慢性3种。最急性中毒者，常无临床症状，于采食后2～3 h突然倒毙死亡。

急性型肌肉震颤，患牛站立不愿行走。精神沉郁，食欲废绝，反刍停止，空嚼磨牙，流涎，气喘，头颈伸直，鼻孔开张。重者张口，舌吐出于口外，从口内流出多量泡沫唾液，呼吸音增粗，腹部扇动，似“拉风箱”状。精神不安，表现痛苦状，呼吸急促，背部、颈部等处出现皮下水肿，用手压有捻发音。眼、口腔及生殖道黏膜发绀。患牛呻吟，多站立不安，不愿卧下，由于严重缺氧，多窒息死亡。瘤胃、肠道蠕动音消失，粪便干硬、呈黑色，并附有黏液或血液。

慢性型病程较长，主要表现胃肠炎症状，患牛前胃弛缓，反刍减少，食欲降低，排出带有血液或黏液的粪便。

③治疗。立即停喂地瓜，对未发病而又同样喂给相同地瓜的，也应按治疗剂量救治，才能有效控制中毒的进一步发展。

a. 西药疗法。治疗原则是解毒、排毒、保肝及解除呼吸困难，防止缺氧窒息。

第一，硫酸镁或硫酸钠 500～1 000 g，配成 7％的溶液，一次灌服，以排除体内的毒素。

第二，0.1％高锰酸钾液或 1％双氧水 2 000～3 000 mL，一次灌服，以解除毒素。

第三，5％的葡萄糖生理盐水 1 000～2 000 mL，5％维生素 C 液 40～60 mL，2～3 次/d；也可用 10％硫代硫酸钠 100～150 mL，一次静脉注射，以解除毒素。

第四，静脉放血 1 000～2 000 mL，同时每隔 3～4 h 静脉注射 5％的葡萄糖生理盐水注射液 1 000～2 000 mL，25％葡萄糖注射液 500 mL，10％安钠咖 20 mL 及 40％的乌洛托品注射液 50 mL，以缓解肺水肿，解除呼吸困难。

第五，将 3％的双氧水 40～100 mL 加入 10％葡萄糖溶液 500～1 000 mL，缓慢静注，每天 1～2 次，直至气喘、可视黏膜发绀消失，或显著缓解后停药。

b. 中药疗法。甘遂饮：制甘遂、制大戟、醋芫花、桑白皮、焦白术各 60 g，白茯苓、川黄连、大腹皮、沉香、大生地各 30 g，大枣 120 g，水煎去渣，加蜂蜜 180 mL，混合灌服。单方：鲜鸭蛋 10 个，生蜂蜜 500 mL，混合灌服。

④预防。对本病的预防主要是加强地瓜的保管工作，防止霉烂；贮藏窖应干燥密闭，晚秋温度控制在 11～15℃以内；饲喂时，应仔细检查，严禁饲喂黑斑病地瓜；饲喂地瓜应分量饲喂，严禁集中堆放场内，让牛自由采食。

(4)肉牛有机磷中毒

有机磷中毒主要是因有机磷农药使用不当而出现中毒。引起肉牛中毒的有机磷农药主要有甲拌磷、对硫磷、内吸磷、乐果、敌百虫、敌敌畏、乙硫磷等。

①主要症状。病牛表现出精神沉郁和狂躁不安,全身肌肉呈痉挛性收缩,呼吸困难,呼出的气体带有农药的特殊气味。若同群牛均采食含毒饲料,则几乎全群同时发病,表现为眼结膜充血、流泪,口吐白沫。齿龈、舌、硬腭均肿胀,严重拉稀,粪便带血,步态不稳,口腔黏膜及鼻镜干燥甚至出现溃疡,最后四肢麻痹、倒地不起,如不及时抢救,数小时内可能抽搐昏迷而死。严重病牛心跳急速,脉搏细弱、不感于手,常常伴发肺水肿,有的窒息死亡。

②治疗。本病治疗应尽快促进毒物排出,防止毒物继续吸收。

a.用硫酸钠 500 g 或活性炭 200～300 g,加水,一次灌服。禁止使用油类泻剂。

b.补充体液,促进毒物排出。可用 1 000 mL 5%葡萄糖生理盐水,一次静脉注射。

c.应用特效解毒剂。如解磷定按每千克体重 15～30 mg,用生理盐水制成 2.5%～5%的溶液,缓慢注射。必要时隔 2～3 h 再注射一次。氯磷定每千克体重剂量为 10～20 mg,可作肌肉或静脉注射。如效果不显著,可于 2 h 后重复使用。或用双解磷、复解磷,其剂量为解磷定的一半,用法相同。或用硫酸阿托品,其用量为每千克体重 0.25 mg 进行皮下或肌肉注射,中毒严重的可用其 1/3 量混于糖盐水缓慢静脉注射,2/3 量用于皮下或肌肉注射,经 1 h 后症状不见减轻时可减量重复使用。

在应用特效解毒药时,最好是解磷定与阿托品配合使用。为除去尚未吸收的毒物,经皮肤沾染中毒的,可用 5%的石灰水、0.5%氢氧化钠或肥皂水洗刷皮肤,经消化道中毒的,可用 2%～3%碳酸氢钠液或食盐水洗胃。但必须注意,敌百虫中毒,不能用碱水洗胃或洗刷皮肤,因敌百虫在碱性环境下可变成毒性更强的敌敌畏。

d. 中药疗法。银花、甘草各 120 g，明矾 60 g，水煎服；防风 60 g，绿豆 250～500 g，水煎服；银花 60 g，铁马鞭、金鸡花、细叶红辣蓼各 45 g，水菖蒲 30 g，金鸡尾 45 g，水煎灌服，日服 1 次，连服 2～3 次；甘草 120 g，绿豆 250～500 g，水煎服。

(5) 肉牛亚硝酸盐中毒

①中毒的原因。许多菜叶中含有硝酸盐，如发生腐烂或堆放发热时，硝酸盐变为亚硝酸盐，牛食后引起中毒，采食含硝酸盐化肥的水也易引起中毒。过食含亚硝酸盐丰富的饲料如燕麦、幼嫩的玉米秸等，经瘤胃微生物作用也可生成亚硝酸盐，引起中毒。

②主要症状。通常在大量采食后 0.5～4 h 内突然发病。本病早期症状表现为尿频。初期呼吸增快，然后变为呼吸困难，口吐白沫，眼结膜发绀。脉搏快速而弱，血液呈咖啡色或酱油色。精神沉郁，肌肉震颤，站立不稳，步态蹒跚，严重时角弓反张，全身无力，卧地不起。过度流涎，腹痛。耳、鼻、四肢以及全身发凉，体温不高。常于中毒后 12～24 h 内死亡。慢性中毒时，出现发育不良，下痢，跛行，步态强拘，虚弱，母牛受胎率低、流产等。

③治疗。

a. 应用特效药美蓝或甲苯胺蓝，同时应用维生素 C 和高渗葡萄糖。

1%的美蓝溶液即美蓝 1 g、纯酒精 10 mL、生理盐水 90 mL。每千克体重 0.1～0.2 mL，静脉注射；5%的甲苯胺蓝液，每千克体重 0.1～0.2 mL，静脉或肌肉注射；5%的维生素 C 液 60～100 mL，静脉注射；50%的葡萄糖液 300～500 mL，静脉注射。

此外，向瘤胃内投入抗生素和大量饮水，阻止细菌对硝酸盐的还原作用。其他对症疗法可应用泻剂清理胃肠内容物；为纠正休克、兴奋呼吸、强心、利尿解毒，可用尼可刹米 20 mL 或樟脑油 20 mL 或安钠咖 20～50 mL 等，皮下或肌肉注射。

b. 绿豆粉 500～700 g，甘草末 100 g，开水冲调，一次灌服。

④预防。预防本病主要应对青菜类饲料要尽量摊开放置，严禁堆放，受雨淋、变质时要停喂。

(6)肉牛棉籽饼中毒

棉籽及棉籽饼中含有有毒成分游离棉酚，牛瘤胃具有一定解毒能力，所以一般正常饲喂时不会发生中毒，但是如果一次饲喂过量棉籽饼，游离棉酚容易被肠道吸收，导致溶血而发生中毒。

①临床症状。急性病例呈瘤胃积食，初有腹痛、便秘，后期腹泻、脱水，酸中毒和胃肠炎。慢性中毒者食欲减少，腹泻，黄疸，尿频，孕牛流产。

②治疗。立即停喂棉籽饼，禁喂 2～3 d，可采取饥饿疗法。

中毒初期可用 0.05%～0.1%高锰酸钾溶液或 2%的碳酸氢钠溶液洗胃。清理胃肠后，可用磺胺脒 60 g，鞣酸蛋白 25 g，活性炭 100 g，加水 500～1 000 mL，一次内服，以利于消炎。

为保肝解毒、强心利尿和制止渗出，可用 50%葡萄糖溶液 300～500 mL，20%安钠咖 10～20 mL、10%氯化钙100～200 mL，静脉注射，1～2 次/d。

茵陈 60 g，甘草、滑石各 500 g，水煎，一天多次灌服。

芒硝 500～1 000 g，加水 500～1 000 mL，一次灌服。

③预防。预防本病首先是棉籽饼饲喂前要进行脱毒处理。其次要控制棉籽饼的喂量，按日粮精料计算，一般喂量为 5%～15%，不要长期大量饲喂，更不应单独饲喂，当饲喂一段时间后，应停喂一段时间。如饲喂棉籽饼 1.5～2.5 kg/d，可连续饲喂 10～15 d 后停喂 8～10 d，如此交替，则一般不发生中毒。不同生理阶段对棉籽饼敏感性不同，怀孕牛饲喂要适当减少，分娩前半个月停喂，3～4 月龄的犊牛，不宜饲喂。

(7)肉牛酒糟中毒

酒糟是酿酒后的副产品，由于饲喂不当，当长期饲喂或突然大量饲喂，可引起牛中毒。

①中毒原因。酒糟的有毒成分因其原料、存放时间等不同而

不同。如用黑斑病甘薯酿酒，其酒糟的有毒成分是甘薯酮、甘薯醇；霉败原料酒糟中的有毒成分是不同的真菌毒素；新鲜酒糟中的中毒成分是残留酒精，发酵酸败的酒糟中的有毒成分是乳酸、酪酸、醋酸等。

②临床症状。

急性中毒：病牛食欲废绝，腹痛，兴奋不安，共济失调，脱水，眼窝凹陷，腹泻，或排出恶臭黏性粪便，脉搏微细，心搏增快，步态不稳，四肢无力，卧地不起。

慢性中毒：病牛表现为顽固性的前胃弛缓，食欲不振，瘤胃蠕动微弱。母牛流产或屡配不孕，腹泻、消瘦。后肢皮肤潮红，严重的形成疱疹。

③治疗。治疗原则是解除脱水、解毒、镇静。

a. 碳酸氢钠：100～150 g，加水一次灌服。也可用1%碳酸氢钠溶液灌肠。

b. 补充体液，解除脱水：可用5%葡萄糖生理盐水1 500～3 000 mL、25%葡萄糖溶液500 mL、5%碳酸氢钠液800～1 000 mL，一次静脉注射；20%葡萄糖酸钙500～800 mL，一次静脉注射。

c. 山梨醇或甘露醇溶液：300～500 mL，一次静脉注射。

d. 必要时，还应配合使用抗生素、强心剂、维生素等治疗。

④预防。

预防酒糟中毒应注意：酒糟宜饲喂新鲜的，不要贮存时间过久，如欲贮存时，应摊开，要遮盖，防止雨水浸入和日光暴晒。饲喂时，要对酒糟的品质进行检查，轻度酸败，可加入石灰水、碳酸氢钠中和后再喂，凡已严重霉败的酒糟，应坚决废弃。合理饲养，控制酒糟喂量。日粮要平衡，在合理供应精料、酒糟喂量的同时，充分保证干草进食量。

(8)肉牛淀粉渣(浆)中毒

①中毒原因。淀粉渣(浆)是淀粉加工后的副产品，含有蛋白

质、糖、脂肪等多种营养成分。但玉米淀粉在加工过程中,需用0.25%～0.3%的亚硫酸浸泡几天,再将玉米粉碎加工成淀粉及淀粉渣。浸泡过的玉米中的亚硫酸,将有一部分进入淀粉浆和淀粉渣内,用淀粉渣(浆)喂牛,经过一段时间后,由于其所含亚硫酸的蓄积作用,常会引起牛中毒。

②主要症状。由于淀粉渣(浆)饲喂时间、喂量及机体的生理状况不同,因此其中毒程度各异。中毒较轻者:精神沉郁,采食量减少,只吃一些新鲜的青绿饲料,反刍不规则,呈现周期性前胃消化紊乱症;中毒严重者:食欲废绝,瘤胃蠕动微弱无力、异食,啃泥土,舔食粪尿、褥草,便秘,粪干,呈深黑色。拉稀者,排出大量棕褐色、稀粥样粪便。全身无力,步态强拘,运步时,后躯摇摆,跛行。弓背,尾椎变软、缩小,卧地不起。如发生于分娩牛,多出现产后瘫痪。

③治疗。无特效疗法,对病牛立即停喂淀粉渣,并给予优质的青绿饲料、块根类及干草。增加进食量,促使自然康复。

对症治疗:可补钙、输液和使用维生素及抗生素治疗。

a. 为提高血钙浓度。缓解低钙血症,可用3%～5%氯化钙,或20%葡萄糖酸钙500 mL,一次静脉注射,1～2次/d。

b. 为解毒、保肝,防止脱水,可静脉注射25%葡萄糖液500 mL、5%葡萄糖生理盐水500～2 500 mL、维生素C 5 g。

c. 维持心脏、神经及消化系统的正常机能,促进代谢,用维生素B 0.1～0.5 g,一次皮下注射。

d. 为防止继发感染和胃肠炎症,可使用氯霉素10～30 mg/kg体重,四环素250万～300万IU,硫酸新霉素5 mg/kg(体重),静脉或肌肉注射。

e. 中和瘤胃酸度,为防止瘤胃pH的下降,可用氢氧化钙、碳酸氢钠等灌服。

④预防。预防本病应严格控制淀粉渣喂量,未经去毒处理的渣,其喂量每头每日不应超过15 kg。在饲喂的过程中,要充分保

证优质干草的进食量。为了防止中毒，最好在喂一段时间后停喂一段时间再喂。淀粉渣应经水浸法、晒或烘干法等去毒处理后再喂。日粮中补喂钙及胡萝卜素。

(9)肉牛黄曲霉毒素中毒

①病因。主要是采食含有黄曲霉毒素的玉米、花生、豆饼等霉变饲料而中毒。

②主要症状。犊牛生长发育缓慢，被毛粗糙逆立，食欲不振，磨牙，鼻镜干燥，无目的地徘徊，常有一侧或两侧性角膜混浊，间歇性腹泻，有的导致里急后重和脱肛。个别病牛呈惊恐或转圈运动等神经症状，后期往往昏迷而死，死亡率较成年牛高。黄曲霉毒素主要侵害肝脏。成年牛症状较轻。黄曲霉毒素的确诊需测定黄曲霉毒素的含量。

③防治。本病应以预防为主，不喂发霉变质饲料。目前尚无特异性疗法，可对症治疗。

(10)肉牛有机氟化物中毒

①中毒病因。肉牛采食被有机氟农药污染的饲料和饮水，或误食含氟灭鼠药等引起中毒。

②主要症状。发病很突然，病牛以神经症状为主，表现流涎，兴奋不安，肌肉痉挛，瞳孔散大，粪尿失禁，常在症状出现后 0.5～1 h 内死亡。听诊时以心律不齐为特征。

根据采食被有机氟农药污染的饲料的病史，结合临床症状可初步诊断。采取饲料、饮水及胃肠内容物做毒物分析可确诊。

③治疗。一旦发现中毒，立即用特效解毒剂乙酰胺治疗，静脉注射 10%葡萄糖酸钙或氯化钙 300～500 mL、20%甘露醇 500～100 mL，并配合静脉注射应用高渗葡萄糖、ATP、辅酶 A、维生素 B 等一般解毒药。

④预防。加强鼠药的使用管理，及时清理毒饵和死鼠。禁止饲喂喷洒含氟农药的农作物及牧草。

(11)氢氰酸中毒

①中毒的原因。由于饲喂高粱幼苗，亚麻叶，亚麻子，木薯、杏、桃、枇杷的叶、核仁等含有生氰苷的植物或因误食氰化物(如氰化钾、氰化钠等)引起。氢氰酸是一种剧毒物，肉牛中毒发生非常迅速，最快者 3～5 min 即可死亡。因饲料引起者，则潜伏期可稍长，最长者可达 3～5 h，或可短至 30 min 内。

②主要症状。呼吸困难，急喘流涎，可视黏膜鲜红。站立不稳，搐搦痉挛。心脏机能衰竭，脉快而弱。知觉丧失，瞳孔初缩小而后扩大，眼球突出、直视，终因呼吸麻痹而死亡。

③治疗。治疗对轻度中毒者尚有一定意义，急性中毒者往往来不及抢救。

发现中毒后立即静脉注射 3%亚硝酸钠溶液 30 mL，每分钟推入 5～10 mL，随后再以同样速度静脉注射 10%硫代硫酸钠，剂量按每千克体重 0.5～1.0 mL 计算。

经上述紧急处理后，可用 0.1%高锰酸钾液洗胃。必要时可给予镇静止痉剂和呼吸兴奋剂。

④预防。不饲喂高粱幼苗，用亚麻子饼、木薯做饲料时，首先将其彻底煮沸或切碎浸泡后再饲喂，且喂量不宜过多，同时搭配其他饲料。防止误食氰化物农药，内服桃仁、李仁、杏仁等含生氰苷类中药，注意剂量和泡制方法。

74. 肉牛常见的产科病有哪些?

(1)肉牛产后胎衣不下

胎衣不下分为全部不下和部分不下两种。主要由于产后子宫收缩无力、怀孕期间胎盘发生炎症及胎盘构造等因素引起。

①主要症状。

a. 胎衣全部不下。胎盘大部分仍与子宫黏膜连接，部分胎膜悬吊于阴门之外，脱出的部分包括尿膜绒毛膜，呈土灰色，表面有大小不等的子叶。经过 1～2 d，胎衣腐败分解，出现全身症状，精神不振，腰背拱起，常常努责，体温稍高，食欲及反刍稍减，发生腹泻、积食。

b.胎衣部分不下。胎衣的大部分已经排出，只有一部分残留在子宫内。

②治疗。

a.药物疗法。

第一，在产后 8～12 h 肌肉或皮下注射垂体后叶素 40～80 IU，2 h 后再注射一次，或静脉注射麦角新碱 200～300 mL，促进子宫收缩。

第二，往子宫内注入 5%～10%盐水 3 L，促进胎儿胎盘与母体分离。

第三，在子宫黏膜和胎衣之间放入抗生素。隔日 1 次，共 1～3 次。预防胎衣腐败及子宫感染。如子宫颈口已缩小，可先肌肉注射雌激素，如注射己烯雌酚 10～30 g，使子宫颈口开放，排出腐败物，然后再放入防止感染的药物，可每日或隔日注射 1 次，共注射 2～3 次。

第四，内服参灵汤：黄芪 30 g，党参 30 g，生蒲黄 30 g，五灵脂 30 g，当归 60 g，川芎 30 g，益母草 30 g，共为末，开水灌服。瘀血而有腹痛的，加醋香附 25 g、泽兰叶 15 g、生牛膝 30 g。

活血祛瘀汤：当归 60 g，川芎 25 g，五灵脂 10 g，桃仁 20 g，红花 20 g，枳壳 30 g，乳香 15 g，没药 15 g，共为末，开水冲，黄酒 200～400 g 为引，灌服。适于体温升高、努责不安的牛。

b.手术疗法。病牛体温超过 39.4℃时，说明子宫有炎症，不可进行剥离。

方法：左手扯住胎衣，右手顺着胎衣伸进子宫。剥离要按顺序，由近及远螺旋前进；逐个圈进行，并且先剥完一个子宫角，再剥另一个，不可剥混。辨别一个胎盘是否剥过的依据是：剥过的表面粗糙，不和胎膜相连；未剥过的和胎膜相连，表面光滑。剥离方法是：在母体胎盘与其蒂交界处，用拇指及食指捏住胎儿胎盘的边缘，轻轻将其自母体胎盘上撕开一点，或者用食指尖将其抠开一点，再将食指或拇指伸入胎儿胎盘与母体胎盘之间，逐步分开。剥得越完整效果越好。剥的过程中，左手要把胎衣扯紧，以便顺着它去找尚未剥的胎盘，达到子宫角尖端时特别要这样做。为防止已剥出的胎衣的重量把胎衣拽断，可将一部分剪掉。子宫角尖端的胎盘难剥离，可轻拉胎衣，使子宫角尖端内翻，便于剥离。

剥离后不宜用消毒液冲洗，应在子宫内放入抗生素。

(2)母牛产后截瘫

①发病原因。胎儿过大、胎势及胎位不正，难产时间过长和强力拉出胎儿，长时间压迫和挫伤闭孔神经，引起麻痹，导致母牛产后截瘫。髋关节韧带损伤，也可造成病牛不能起立。此外，饥饿及营养不良，多种矿物质和维生素缺乏，也能引起产后截瘫。

②主要症状。分娩后，通常无全身症状，体温、呼吸、脉搏、食欲、反刍等均无明显异常，皮肤痛觉反射正常。母牛卧下时后肢不能站立，或后肢站立困难，行走时有跛行症状。

③治疗。

a. 对难产引起的截瘫，用针灸及药物穴位注射疗法有较好的效果。针灸或电针刺激百会、肾愈、肾棚、巴山、大胯、小胯、汗沟及邪气等穴位，1 次/d，每次 15 min，连刺 15 d 为一疗程。

b. 肌肉注射维生素 B_{12} 5 g，维生素 B_1 20 mL，硝酸士的宁 5 mL，地塞米松 10 mg，连用 7 d 为一疗程。静脉注射 10%葡萄糖酸钙 2 000 mL，10%葡萄糖 500 mL，连用 3 d 为一疗程。

c. 独活散。独活 30 g，秦艽、白芍、防风、归尾、党参、焦茯苓、川芎、桂枝各 15 g，杜仲 20 g，牛膝 20 g，甘草 10 g，细辛 5 g，共为细末，开水闷 1 h 后调服，1 剂/d，连服 5 剂为一疗程。

(3)母牛子宫弛缓

①主要症状。产后子宫收缩无力，恶露排出时间大幅延长，常继发于子宫内膜炎。产后发情迟缓，发情但屡配不孕。全身无明显变化。阴道检查，子宫颈口弛缓开张，直肠检查，子宫体积较产

后同期大，下垂，子宫壁厚而软，收缩反应弱，子宫腔内积留液体多时，触诊有波动感。

②防治。

a. 增强子宫收缩，促使恶露排出，用5%～10%、40～42℃的温盐水冲洗子宫。或肌注雌二醇20～30 mg，隔日1次，连用2～3次，再配合应用缩宫素或麦角注射液8～10 mL。

b. 中药加味生化汤，灌服。或电针百会、肾愈和后海等穴位。

(4)如何防治母牛子宫内膜炎

①主要症状。病牛常弓背、努责，从阴门中排出黏性或黏脓性分泌物；重症牛分泌物呈污红色。直肠检查感觉到子宫角增大、壁厚，子宫收缩减弱或消失。如子宫内蓄积有渗出物，触之则有波动感。重度的伴有全身症状，体温升高，脉搏、呼吸加快，精神沉郁，食欲下降，反刍减弱或停止。

②防治。

a. 可向子宫内注入广谱抗菌消炎剂，如氟甲砜霉素、卡那霉素、链霉素、红霉素等。

b. 控制感染、消除炎症和促进子宫腔内病理分泌物的排出，对有全身症状的进行对症治疗。如果子宫颈尚未开张，可肌注雌激素制剂促进颈口开张。开张后肌注催产素或静注10%氯化钙液100～200 mL，促进子宫收缩，提高子宫张力，诱导子宫内分泌物排出，增强防御功能。

(5)母牛子宫脱出

子宫脱出是指子宫角的一部分或全部翻转于阴道内(子宫内翻)，或子宫翻转并脱垂于阴门之外(完全脱出)，常在分娩后24 h之内子宫颈尚未缩小和胎衣尚未排出时发生。

①病因。该病是孕牛营养不良及老龄经产的母牛体质虚弱、运动不足、胎水过多、胎儿过大，致使子宫收缩力减退和子宫过度伸张，引起子宫弛缓所致。此外，分娩过度延迟时子宫黏膜紧裹胎儿，随着胎儿被迅速拉出而造成的宫腔负压，胎衣不下时胎衣上坠

以重物或强拉胎衣，均可导致子宫脱出。

②主要症状。

子宫内翻：即子宫部分脱出。病牛表现不安、努责、举尾等。阴道检查，则见翻入阴道的子宫角尖端。

子宫完全脱出：可见一很大的囊状物垂突于阴门之外，有时可达跗关节。脱出的子宫黏膜表面常附着尚未脱落的胎膜，如海绵。脱出时间较长时，子宫黏膜充血、水肿，进而变为紫红色或深灰色，水肿部位呈肉冻状，且多被粪便污染和因摩擦而出血，进而结痂、干裂、糜烂等，污染严重者可造成全身或急性贫血。

③治疗。

可采取以下方法：患牛站立或横卧保定，横卧时应垫高后躯，用温热防腐药液清洗脱出的子宫、外阴及尾根部，如努责强烈，可用镇静剂或封闭后海穴。若脱出不久，脱出子宫还不太大时，术者可用拳头顶推子宫角末端凹陷，趁母牛不努责时小心向前推送，使之复位。如脱出子宫较多时，可令一助手拨开阴门，术者和另一助手从阴门两侧一部分一部分地向阴道内推送宫体部，直至全部送到阴道内，再以拳头向内顶子宫角，使其通过子宫颈回到腹腔原位。子宫复位后，可向子宫内投入金霉素胶囊 4～6 粒。为防止再次脱出，须行阴门两侧酒精注射或纽扣状缝合。对整复无效或污染严重者，可施行子宫切除术。

(6)母牛阴道脱出

阴道的一部或全部脱出于阴门之外，称为阴道脱出。

①病因。日粮中缺乏常量元素及微量元素，运动不足，过度使役，阴道损伤及年老体弱等。食后使役，瘤胃臌气，便秘，腹泻，阴道炎，长期处于向后倾斜过大的床栏，分娩及难产时的阵缩、努责等，也可引起或继发本病。

②主要症。病牛一般无全身症状，多表现不安、弓背、顾腹和做排尿姿势。当继发感染时，则出现全身症状。

局部症状如下：

部分脱出：常在患牛卧下时，见到形如鹅卵到拳头大的红色或暗红色的半球状阴道襞突出于阴门外，站立时缓慢缩回。但当反复脱出后，则难以自行缩回。

完全脱出：多由部分脱出发展而成，可见形似排球到篮球大的球状物突出于阴门外，其末端有子宫颈外口，尿道外口常被压在脱出阴道部分的底部，故虽能排尿，但不流畅。脱出的阴道，初呈粉红色，后因摩擦等渐成紫红色肉冻状，表面常有污染的粪土，进而出血、干裂、结痂、糜烂等，个别还伴有膀胱脱出。

③复位。整复可因脱出的程度不同而异。

部分脱出的整复：站立时能自行缩回的，一般不需整复和固定。在加强运动、增强营养、减少卧地，并使其保持后位高的基础上，灌服具有“补虚益气”的中药方剂，多能治愈。对于站立时不能自行缩回者，则应进行整复固定，并配以药物治疗。

完全脱出的整复：将病牛保定在前低后高的地方，裹扎尾巴并拉向体侧，选用 2%明矾水、1%食盐水、0.1%高锰酸钾溶液、0.1%雷佛奴尔或淡花椒水，清洗脱出阴道及其周围。水肿严重时，可热敷挤揉或划刺以使水肿液流出。然后用消毒的湿纱布或涂有抗菌药物的湿纱布将脱出的阴道包盖，趁牛不甚努责的时候用手掌将脱出的阴道托送还纳后，取出纱布，脱穴(阴唇中点旁开 1 mm)及后海穴电针，或在两侧阴唇黏膜下蜂窝织内注入 70%酒精 30～40 mL，或以栅状阴门托或绳网结予以固定，亦可用消毒的粗缝线将阴门上 2/3 作减张缝合或纽扣状缝合。当病牛剧烈努责而影响整复时，可作硬膜外腔麻醉或尾骶封闭。

(7)母牛难产

在分娩过程中，胎儿不能顺利地娩出时，称为难产。

①难产的原因。难产的原因可归结为以下几个方面。

产力异常：孕畜营养不良、疾病、疲劳，分娩时外界因素的干扰等，使孕牛产力减弱或不足。此外，不适时给予子宫收缩剂，也可引起产力异常。

产道异常：骨盆畸形，骨折，子宫颈、阴道及阴门的瘢痕、粘连和肿瘤，以及子宫颈、阴道发育不良，都可造成产道的狭窄和变形。

胎儿异常：胎儿活力不足，畸形，过大，胎位，关节屈曲等，以及胎向（胎儿身体纵轴与母体纵轴的关系）的横向或竖向，都可导致胎儿难以通过产道。

②预防。

a. 改善母牛的饲养管理。营养不良的母牛，即使妊娠，胎儿也很难正常发育，其活力常不足，营养不良的母牛分娩时产力微弱；营养过于丰富，可使胎儿过大，易导致难产。因此，应根据母牛的特点，给予合理的日粮，特别注意维生素、常量元素和微量元素的补给。要适当运动，正确选配，防止早配和偷配。此外，分娩时要保持安静，防止干扰。

b. 及时治疗母牛疾病。对母牛的任何疾病，都应及时治疗，以使其早日恢复健康，保持分娩时有充足的产力。尤应注意对阴道和子宫疾病的治疗，以防引起产道狭窄。

c. 适时进行临产检查。应在母牛开始努责到胎囊露出或排出胎水期间进行临产检查，检查过早难以确定胎位、胎势及胎向正常与否，检查过迟可能已成难产。当知胎儿并无异常时，应让其自然娩出；若有异常，则应立即矫正。

(8)母牛的流产

流产就是妊娠的中断，流产的危害很大，不仅使胎儿夭折或发育不良，而且常损害母牛健康，甚至导致不育，严重时危及母牛生命。

①流产的分类。流产的原因很复杂，可以分为 3 类：普通流产（非传染性流产）、传染性流产和寄生虫性流产。

②流产的症状。由于流产的发生时期、原因及母畜反应能力不同而有所不同，流产的病理过程及所引起的胎儿和临床症状也很不一样，归纳起来有以下 4 种。

a. 隐性流产（胚胎被吸收）。常见发生在怀孕初期，这时尚未形成胎儿，死亡后组织液化，被母体吸收，或者在母畜再发情时随尿排出，母畜不表现出明显症状。配种后1～1.5个月通过直肠检查确定怀孕，而以后又发情，同时直检发现原怀孕现象消失，这种情况大部分可以诊断为隐性流产。

b. 排出不足月的活胎儿。这类流产的预兆及过程与分娩相似，所以也称为早产。但不像正常分娩那样明显，通常仅在排出胎儿前2～3 d，乳腺突然胀大，阴唇稍为肿胀，乳头内可挤出清凉的液体，牛阴门内有清亮黏液排出。助产方法与正常分娩相同。早产胎儿如有吮乳反射，需尽力挽救，帮助其吮食母乳或人工喂奶，并注意保暖。

c. 排出死亡胎儿。这种是流产牛中最常见的一种(图5-8)。

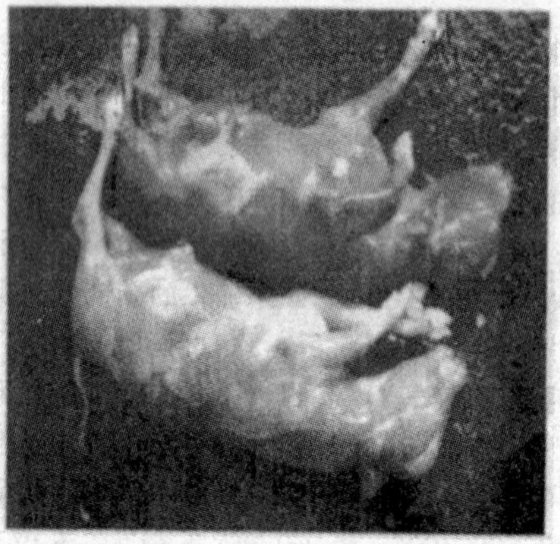

图5-8 不足月的死亡胎儿

d. 延期流产(死胎停滞)。胎儿死亡后，如果由于阵缩微弱，子宫颈管不开或开放不大，死胎长期停留于子宫内，即称为延期流产。

③治疗。

治疗原则：首先应确定是否流产、属于何种流产、胎儿存活与否以及怀孕能否继续等，在此基础上再确定治疗原则。即抑制流产，保胎促孕；在流产不能制止时，要促使胎儿尽快排出。

先兆流产：临床上出现孕畜腹痛、起卧不安、呼吸脉搏加快等现象，可能流产；处理这类情况的原则为安胎，使用抑制子宫收缩药，可试用如下措施：

a. 肌注黄体酮(孕酮)，50～100 mg，每日或隔日 1 次，连用数次。为防止习惯性流产，也可在怀孕的一定时间，使用黄体酮。也可注射 1%硫酸阿托品 1～3 mL。

b. 给以镇静剂，如溴剂、氯丙嗪等。

c. 禁止进行阴道检查，直肠检查也要尽量控制，以免刺激母畜。可进行牵遛，以抑制努责。

d. 中医认为，胎动不安的病因机制主要在于冲任(即冲脉、任弩脉)不固，不能摄血养胎。为抑制流产以及防止习惯性流产，需给以补气、养血、固肾、清热、安胎之药，可选用下列方剂。

白术安胎散：炒自术 30 g，当归 30 g，砂仁 18 g，川芎 18 g，白芍 18 g，熟地 18 g，阿胶(炒)25 g，党参 18 g，陈皮 25 g，苏叶 25 g，黄芩 25 g，干草 10 g，生姜 15 g 为引。共为细末，开水冲服。

先兆流产经上述处理，病情仍未稳定，阴道排出物继续增多，起卧不安加剧；阴道检查，子宫颈口已经开放，胎囊已进入阴道或已破水，流产已成难免，即应尽快促使子宫内容物排出，以免胎儿死亡腐败后引起子宫内膜炎，影响以后的受孕。如子宫颈管已经开大，用手将胎儿拉出。如胎儿的位置及姿势反常，如胎儿已经死亡，矫正遇有困难时可行截胎术。如胎儿已经死亡，取出胎儿后，需在子宫内放入抗生素。

对于延期流产、胎儿发生干尸化或浸溶者，因为子宫颈开放不够大，首先需使子宫颈扩张，同时应在子宫及产道内灌入润滑剂。对干尸化胎儿，需用一定力量或先截胎才能将胎儿拉出。在胎儿浸溶，如软组织已基本液化，需尽可能将胎骨逐块取净。如治疗得早，胎儿尚未浸溶，仍呈气肿状态，可将腹部抠破，缩小体积，然后取出。操作过程中，术者需防止自己受到感染。取出干尸化及浸溶胎儿后，需用消毒液如0.05%呋喃西林或5%～10%盐水等，冲洗子宫，并注射子宫收缩剂，使液体排出。对于胎儿浸溶，因为有严重的子宫炎及全身变化，需在子宫内放入抗生素，并需特别重视治疗，以免发生不良后果。

上述几种流产，在胎儿排出后，除了子宫局部处理，有体温反应者尚需进行全身治疗以外，还可内服加味生化汤，以去瘀生新，促进机体的恢复。

加味生化汤：党参60 g，黄芪45 g，当归90 g，川芎24 g，桃仁30 g，红花24 g，炮姜18 g，干草15 g，黄酒150 mL为引。体温高者，加黄芩、连翘、双花；腹胀者，加莱菔子。

④预防。针对母牛流产要实施综合性预防措施。

a. 加强对怀孕母牛的饲养管理，供给数量足、质量好的全价饲料。严禁饲喂冰冻、霉败及有毒饲料，防止母牛饥饿、过渴、过食、暴饮。

b. 使怀孕母牛进行适当运动，防止挤压碰撞、跌摔踢跳、鞭打惊吓，做好冬季防寒、夏季防暑等工作。合理选配，防止偷配、乱配。母牛的配种、预产要有记录。

c. 直肠及阴道检查时，要遵守操作规程，严格消毒外阴、操作者及器具，严防粗暴行事。

d. 母牛怀孕期间，特别是怀孕的前、后期注射疫苗及药物要谨慎，以防流产。

e. 有慢性流产的母牛，可在发生流产前的1个月注射黄体酮50～100 mg。

75. 肉牛常见的传染病有哪些？怎样防治？

(1)肉牛口蹄疫

蹄疫俗称“口疮”或“蹄癀”，由口蹄疫病毒引起偶蹄兽的一种急性、热性、高度接触性传染病。其特征是口腔黏膜、蹄部和乳房皮肤发生水疱和烂斑。

①主要症状。本病潜伏期2～4 d。其典型症状是在口腔黏膜、蹄部、乳房皮肤发生水疱和溃烂。病初体温升高达40～41℃，精神不振，上下唇、舌面、齿龈、蹄部等处出现大小不等的水疱，水疱破裂后形成烂斑，严重时引起溃烂部位化脓、坏死；大量流涎，呈白色泡沫状。当蹄部发生病变时，病牛跛行，不愿走动，喜卧；水疱破溃后，常继发细菌感染，引起蹄壳深部组织化脓、坏死，甚至造成蹄壳脱落。乳房皮肤和乳头常形成较多的水疱，破溃后形成烂斑。

②诊断。本病症状典型，一般根据临床症状即可初步诊断。要确诊必须请有关部门进行病毒分离鉴定。

③治疗。根据有关规定，对本病应采取扑杀措施。一旦发现疫情，应立即向上级有关部门报告疫情，并采取病料(水疱皮或水疱液)送有关部门进行病毒鉴定，并及时通知临近地区和单位做好预防工作。

一般应划定疫区，进行封锁，严禁人、畜及畜产品出入封锁区；对用具、污染的地面用2%的苛性钠溶液进行消毒。对疫区及受威胁地区的易感动物进行紧急预防接种。对病死家畜应焚烧或深埋处理。

中药疗法：

【处方1】

党参15 g，栀子20 g，防风25 g，荆芥25 g，全当归20 g，木通25 g，车前子20 g，黄芩30 g，黄柏2 g，黄药子25 g，白药子25 g，天冬25 g，郁金15 g，花粉40 g，川军50 g，芒硝40 g，寸冬40 g，椰片20 g，连翘3 g，僵蚕25 g，蝉蜕25 g，全蝎五个，蜈蚣一条，羌活20 g，独活20 g，甘草10 g，灯芯草15 g，竹叶15 g为引。

用法：水煎服。

【处方2】

贯众25 g，山豆根25 g，甘草15 g，桔梗20 g，赤芍15 g，生地15 g，花粉10 g，大黄20 g，荆芥15 g，连翘20 g，木通15 g。

用法：共为末，开水冲，引用蜂蜜200 g同调灌服。

④怎样预防？对常发病地区定期注射疫苗，对牛舍、场地、工具用3%～5%的烧碱水定期消毒，粪便密封发酵处理。

(2)肉牛结核病

牛结核病是由结核分枝杆菌引起的一种人畜共患传染病，其特征是在被侵害的器官和组织中形成结核结节。

①临床症状。由于结核分枝杆菌侵害部位不同，其临床症状也不一样。牛多发生肺结核，乳房、肠和淋巴结核等少见。

肺结核：病牛表现进行性消瘦，被毛粗乱无光泽。病初有短促干咳，逐渐变为湿性咳嗽，特别是在早晨、运动和饮水后咳嗽剧烈而频繁。咳出的分泌物为黏性、脓性，呈灰黄色，有时流出淡黄色黏液脓性鼻液。严重时呼吸困难，仰头伸颈，呼吸似"拉风箱"声。听诊肺区常有啰音。发生胸膜结核时，可听到胸膜摩擦音。叩诊有浊音区并显疼痛和引起咳嗽。体温一般正常或略有升高。

乳房结核：乳房上淋巴结肿大，乳房有局限性或弥漫性硬结，表面凹凸不平，无热痛，由于乳块形成和乳腺萎缩，两侧乳房不对称。泌乳量逐渐减少，乳汁稀薄或含有凝乳块。

肠结核：病牛表现顽固性腹泻，粪便呈粥状，内混有黏液和脓汁；前胃弛缓或瘤胃臌气，营养不良，逐渐消瘦，肋骨外露。直肠检查，腹膜粗糙，肠系膜淋巴结肿大。

神经结核：中枢神经系统受到侵害时，在脑和脑膜可发生粟粒状或干酪样结核，常引起神经症状，如癫痫样发作、运动障碍等。

生殖道结核：病牛阴道中流出透明的黄色黏液，并混有脓血和干酪样絮片。病牛生产繁殖等机能紊乱，流产，久配不孕等。

②治疗。根据有关规定，对患结核病的牛一般不予以治疗，一旦发现病牛应坚决淘汰，并按照兽医卫生法规进行无害化处理。对价值比较大的牛，可隔离治疗。首选药为异烟肼、利福平和硫酸链霉素。用异烟肼3～4 g/d，分3～4次混于饲料中喂给，3 d为一疗程；症状严重者可口服利福平2～3 g/d，同时肌肉注射硫酸链霉素，每次3～5 g，隔日1次。

③预防。加强牛场卫生防疫制度，保持饲料、饮水、用具和环境卫生，消灭蚊蝇；在引进牛或调拨牛群时，应进行严格检疫，并隔离观察1～2个月，确认无病后方可进入原牛群；每年对牛群进行1～2次结核病检疫，发现病牛及可疑牛要及时处理；每年春、秋两季对牛场进行全面消毒，可用石灰乳粉刷牛舍、牛栏，用2%的氢氧化钠溶液或漂白粉溶液消毒食槽、用具。

(3)牛布氏杆菌病

本病是由流产布氏杆菌引起的一种人畜共患的慢性传染病。

①布氏杆菌特征.该病菌抵抗力较强，可在土壤、饮水、皮毛中存活数月，耐低温，但不耐热，65℃经15 min可将其杀死，对化学消毒药敏感，如1%～3%的石炭酸、2%的福尔马林或5%的石灰水等均可将其杀死。阳光直射1 h内可使病菌死亡。

病牛是本病的主要传染源，病菌随病牛的各种排泄物、分泌物和流产胎儿、胎水、胎衣等排出体外，污染饲料和饮水，经消化道感染，交配和人工授精也可传播本病。另外，与病牛直接接触通过损伤的皮肤、黏膜也可感染。

②临床症状。本病潜伏期14 d至6个月。主要症状是怀孕母牛流产。流产多发生在怀孕后5～7个月，或产出弱犊，产后不久犊牛即死亡。流产后胎衣常滞留不下或继发子宫内膜炎，经久不愈。病牛流产后从阴道排出污秽的灰色或棕红色液体。多数牛流产后2个月可再次受孕，也有的因子宫内膜炎而长期不孕。有的病牛发生关节炎，常侵害的关节是腕关节和膝关节，关节肿胀，出现跛行。

公牛发生布氏杆菌病时，常发生睾丸炎和附睾炎而失去配种能力。

③诊断。根据临床症状、流行病学和剖检变化可初步诊断，确诊必须进行实验室诊断。

④治疗。本病在治疗上没有意义，一旦发现病牛，应立即按兽医防疫法规对病牛进行无害化处理，并上报有关部门，采取严格的

防疫措施，直至疫情解除为止。

⑤预防。对本病搞好预防是关键，通过预防达到控制本病和消灭本病的目的。对牛群定期检疫，防止病菌侵入；平时加强饲养管理，促进牛群健康；搞好卫生消毒工作；对引进的牛，应进行严格检疫，并隔离观察1～2个月，确认无病后方可进入原牛群。

（4）牛病毒性腹泻—黏膜病

牛病毒性腹泻—黏膜病由瘟疫病毒属病毒引起的传染病，冬、春季节发病率较高。

①主要症状。本病潜伏期2～14 d。临床上常分为急性型和慢性型。

急性型：病牛体温升高达40～42℃；流涎，口腔黏膜形成小水疱，后糜烂、溃疡；舌上皮组织坏死；鼻流黏液，后变为脓性；剧烈腹泻，粪便呈水样、褐色，常混有黏液和血块；母牛常发生流产；有的病牛发生蹄叶炎和趾间皮炎。病程1～2周，死亡率较高。

慢性型：病牛长期间歇性下痢，消瘦，皮肤角质化。2岁以上的牛发病时症状轻微，仅有轻微低热和短期下痢，很少死亡。

注意与口蹄疫、水疱性口炎、牛瘟等鉴别诊断。

②治疗。对本病目前尚无有效治疗方法。发现病牛及时隔离处理，可采取对症治疗，输液补充葡萄糖、维生素等营养物质，注射抗生素、磺胺类药物，防止继发感染。对病牛加强护理，增强机体抗病能力，促进康复。

③预防。加强检疫，发现病牛及时隔离或淘汰，并封锁疫区；搞好牛舍和牛场环境卫生，切断传播途径；避免从疫区引进牛只。

（5）牛流行热

本病常为良性经过，多数病牛经2～3 d即可恢复正常，又称“三日热”、“牛暂时热”。

①临床症状。本病潜伏期一般为5～7 d，根据病程发展临床上一般分为三种类型。

a. 以突然发病，高热（39.5～42.5℃）稽留，皮温不整为特征的类型。病牛食欲减退或废绝，反刍停止，精神沉郁，被毛逆立，鼻镜干而热，呼吸困难，眼睛和鼻腔流出浆液性分泌物。粪干量少，粪中常混有黏液或血丝。部分病牛肌肉震颤，孕牛流产或死产。这类患牛若及时治疗，常能迅速痊愈。

b. 以呼吸困难，皮下气肿，突然倒地为特征的类型。病初患牛高热，经 1 d 左右病情迅速恶化，眼眶周围肿胀，流泪，惊恐不安，剧烈腹痛，呼吸困难；继之皮下气肿，先于颈部发后扩展到身体其他部位；心跳加快，心律不齐，张口伸颈呼吸，不久倒地而死。此类病症多见于奶牛，死亡率较高。

c. 以四肢僵硬、跛行为特征的类型。病牛初期也出现全身症状，不久即站立不稳，肌肉及关节疼痛，严重时跛行。轻者经治疗会很快痊愈，重者卧地不起，甚至全身症状消失后，饮食一切正常，仍不能站立。

另外，个别病牛病情发展很快，出现一些神经症状，如啃咬异物、四肢僵硬、前后冲撞、摔倒、四肢及背腰强直性痉挛、头向后仰呈角弓反张姿势，很快死亡。

②治疗。目前对本病的治疗尚无特效疗法，仅对症治疗或防止继发感染。

a. 对高热和呼吸困难的病牛，可用安乃近 30～50 mL，一次肌肉注射，3 次/d；或用复方氨基比林 20～50 mL，肌肉注射；也可内服安乃近 6～12 g，2 次/d。同时配合输液，如 5%的葡萄糖生理盐水 2 000～3 000 mL，20%安钠咖 10 mL，20%维生素 C 40～60 mL，一次静脉滴注，每天 2 次。对非孕牛或重症病牛可配合地塞米松 50～80 mg，效果很好。

b. 防止继发感染，可用庆大霉素 80 万～120 万 IU，或卡那霉素 300 万～600 万 IU，环丙沙星 2 g 用葡萄糖盐水稀释静脉滴注。

c. 中药治疗。病初可用柴胡、黄芩、葛根、荆芥、防风、羌活各 30 g，知母、甘草各 24 g，大葱 3 根为引，将药研末冲服。也可用羌活、防风、苍术各 46 g，细辛 24 g，川芎、生地、黄芩、生姜、甘草各

31 g,大葱1根。水煎2次,一次灌服。

③预防。搞好环境卫生,可用5%的敌百虫喷洒牛舍及周围环境,以消灭蚊蝇。用过氧乙酸对牛舍地面及食槽进行消毒。加强饲养管理,提高牛的抵抗力。对易感病牛,可注射牛流行热疫苗。

(6)犊牛腹泻

犊牛腹泻是常发生于犊牛的一种消化系统疾病。继发性犊牛腹泻则见于各种病毒性或细菌性传染病,也见于严重的寄生虫病和某些内科病。

①症状。病犊突然发生持续而剧烈的腹泻,粪便呈粥状或水样,腥臭,严重时混有黏液、脓液或血液。体温升高,心跳加快,呼吸急促,可视黏膜潮红、发绀,精神沉郁,食欲、反刍废绝,眼窝下陷,皮肤弹性降低,呈现明显脱水症状。

②防治。预防主要应加强饲养管理。

治疗应以祛除病痛,清理胃肠,消炎止泻,强心补液为原则。

消炎可用0.05%~0.1%的高锰酸钾溶液,2 000~3 000 mL灌服,2~3次/d。细菌性肠炎应选用抗菌药物,如硫酸新霉素,每千克体重0.05 g,每天2~3次;复方新诺明,每千克体重0.2 g,每天1次。

清理胃肠可用液状石蜡油300~500 mL,也可以用人工盐100~200 g,制成6%~8%的溶液,另加酒精50 mL,鱼石脂5~10 g,调匀内服。

(7)牛副伤寒

牛沙门氏菌病又称犊牛副伤寒。

①主要症状。成年牛体温升高达40~41℃,食欲废绝,心跳加快,呼吸困难,昏迷。粪便带血,下痢,含有纤维素性絮片。病程长的快速脱水,黏膜充血、发黄,剧烈腹痛,多数孕牛发生流产。

犊牛表现拒食、卧地、迅速衰竭等症状,病初体温升高达40~41℃,心跳、呼吸加快,排灰黄色液状粪便,混有黏液和血丝,病程长的可发生关节炎、支气管炎和肺炎症状。

②治疗。病牛应隔离治疗，场地应严格消毒。治疗原则是消除病原菌，防止机体中毒，保护肝脏的正常功能，同时要加强护理。

a. 药物治疗。常用药物有呋喃唑酮、氯霉素、新霉素、磺胺类等。内服氯霉素(每千克体重 0.02 g)，第一次喂量应加倍，4 次/d。内服呋喃唑酮，每千克体重 0.01 g，每天 2 次，连用 5 d。内服磺胺嘧啶或磺胺甲基异噁唑，每千克体重 0.02～0.04 g，2 次/d。成牛应肌肉注射抗生素类。

b. 辅助治疗。补充能量、水分、电解质，纠正酸中毒。如 5%糖盐水 500 mL、25%葡萄糖液 250 mL、5%碳酸氢钠 150 mL，一次静注，2 次/d。

c. 保护性治疗 口服高岭土以保护肠道黏膜，补充维生素 A、维生素 B 数周，以提高抵抗力。

d. 发生肺炎时，将“914”0.65～0.75 g 溶于 500 mL 糖盐水中，1 次静脉注射，隔 4～7 d 可再注射 1 次，注射时应缓慢。

e. 伴发关节炎的病牛，可用酒精鱼石脂绷带包扎患病关节。后期关节囊积液严重时可用无菌法抽出关节液，并注入 1%奴佛卡因(加青霉素 40 万～60 万 IU)15～30 mL，再打绷带。

③预防。

a. 加强犊牛的饲养，喂乳要定温、定时、定量、定饲养员，不喂变质乳，做好防寒保暖工作。

b. 坚持消毒制度，以消除病原体。喂乳的用具、牛舍、地面、运动场定期用氢氧化钠溶液消毒。

c. 发病牛场应及时隔离病牛，牛槽、圈舍、用具都应仔细消毒，粪便要堆积发酵，病死牛应焚烧或深埋处理。

(8) 牛黑腿病

牛气肿疽俗称黑腿病，或鸣疽，是一种由气肿疽梭菌引起的反刍动物的一种急性败血性传染病。特征为肌肉丰满部位发生炎性气性肿胀，并出现跛行。

①主要症状。发病突然，体温升高达 41～42℃，食欲废绝，反刍停止，跛行，不久在股、臀、肩等肌肉处出现气性水肿，并迅速向四周扩散。初有热痛，后冷无知觉，皮肤干燥、紧张、紫黑色，叩之如鼓，压之有捻发音。肿胀部破溃或切开后，流出深红色带泡沫的酸臭液体。呼吸困难，脉搏细数，全身症状加剧，如不及时治疗，常于 1～2 d 内死亡。

②防治。治疗早期可用抗气肿疽血清，静脉或腹腔注射，同时应用青霉素，效果较好。局部治疗，可用加有 80 万～100 万 IU 青霉素的 0.25%～0.5%普鲁卡因溶液 10～20 mL 于肿胀部周围分点注射。

对于全身症状严重的，还可给予强心解毒剂等对症治疗。

病畜应立即隔离治疗，死畜严禁剥皮吃肉，应深埋或焚烧，以减少病原的散播。病畜圈栏、用具以及被污染的环境用 3%福尔马林或 0.2%升汞溶液消毒。粪便、污染的饲料和垫草等均应焚烧销毁。

③预防。做好日常消毒检疫，在疫病多发区用气肿疽明矾甲醛苗或气肿疽氢氧化铝甲醛苗进行免疫接种。本病的发生有明显的地区性。采取土地耕种或植树造林等措施，可使气肿疽菌污染的草场变为无害。

本病流行期间，可以使用抗气肿疽血清皮下注射 15～20 mL，经 15～30 d 后再用疫苗免疫。

(9)肉牛放线菌病

放线菌病是牛的一种慢性化脓性肉芽肿性传染病。病牛特征是在头、颈、下颌和舌上发生放线菌肿。

①主要症状。以 2～5 岁牛最为多发。病牛上、下颌骨肿大、硬固、界限明显，初期疼痛，后无热无痛。逐渐消瘦，呼吸、吞咽和咀嚼困难，常可见皮肤化脓破溃而形成瘘管。舌肌发病时肿胀变硬，不灵活，称为“木舌病”，病牛流涎。乳房发病时形成弥散性肿大或局灶性硬结，乳汁黏稠，混有脓液。无论任何部位的脓肿，其

脓液中均含有坚硬光滑、黄白色的细小菌块，甚似硫黄颗粒。

②治疗。骨放线菌病，往往治疗效果不佳，转归不良，而软组织放线菌病经较长时间的治疗，相对容易治愈，一般可采取以下方法。

硬结较大时可用外科手术切除，若有瘘管形成，要连同瘘管彻底切除。

【处方 1】

a. 10%碘仿醚或 2%卢戈氏液适量。

用法：伤口周围分点注射，创腔涂碘酊。

b. 碘化钾 5～10 g。

用法：成牛一次口服，犊牛用 2～4 g。1 次/d，连用 2～4 周。

说明：重症可用 10%碘化钠 50～100 mL 静脉注射，隔日 1 次。连用 3～5 次。如出现碘中毒现象，应停药 5～6 d。

e. 注射用青霉素钠 240 万 IU，注射用丁胺卡那霉素 100 万 IU，注射用水 20 mL。

用法：溶解后，患部周围分点注射，1 次/d，连用 5 d。

【处方 2】

芒硝 90 g(后冲)，黄连 45 g，黄芩 45 g，郁金 45 g，大黄 45 g，栀子 45 g，连翘 45 g，生地 45 g，玄参 45 g，甘草 24 g。

用法：水煎，一次灌服。

【处方 3】

砒霜 15 g，白矾 60 g，硼砂 30 g，雄黄 30 g。

用法：共研细末，与黄蜡油混合，均匀地涂在纱布条上，塞入创口。

【处方 4】针灸

穴位：通关。

针法：放血。

说明：也可火针肿胀周围或火烙创口及其深部放线菌肿。

76. 肉牛常见的营养管理性疾病有哪些?

(1)肉牛维生素A缺乏病

①主要原因。饲料加工和收藏不善,使饲料遭受暴晒、酸败和氧化等而将其中维生素A及维生素A原破坏,长期饲喂缺乏维生素A原的饲料(如棉子、大麻子、米糠、麸皮等);饲料中缺乏常量元素和微量元素;运动不足,以及胃肠道疾病等均可引起本病的发生。

②主要症状。犊牛初呈夜盲症、进而流泪,角膜上皮组织增厚或呈云雾状层叠,甚至失明;共济失调,衰弱,步态不稳,惊厥,有的腹泻。母牛发生本病时,有前胃弛缓症状,且发生流产或产死、弱胎。育肥牛发生本病时,表现过多流泪,夜盲,腹泻,前腿水肿及昏厥等。维生素A缺乏症多发生于犊牛。

③治疗。治疗本病可肌肉注射维生素A,成年牛一次用量为5万IU,牛犊一次用量为5万~7万IU;也可口服鱼肝油治疗。

④预防。本病的预防措施主要是:注意饲料的储藏和调制,防止暴晒、发酵、酸败;适当运动,多晒太阳;饲料中添加胡萝卜、玉米、三叶草等;加强对妊娠母牛的饲养,提高机体中维生素A的储备。

(2)佝偻病

佝偻病即维生素D缺乏症,是由于维生素D缺乏导致钙、磷代谢障碍,致使骨组织钙化不全所致,本病多发生于犊牛。

①病因。佝偻病是由于犊牛阳光照射不足,饲喂缺乏维生素D的饲料,断奶过早以及消化道疾病时,机体、肠道对钙、磷的吸收减少,磷酸钙难以在骨骼中沉积等原因引起。

②症状。该病病程缓慢,一般经1~3个月才出现明显症状。病初犊牛表现发育停滞,消化不良,舔食泥土、砖块、煤渣等异物,不愿站立和运动,强行站立和运动时,肢体软弱,甚至呻吟,肢蹄交叉、向外叉开或弯腕。逐渐表现出骨变形、关节肿胀、肋骨出现串

珠状物，两前肢腕关节向外凸而呈“O”形或两后肢跗关节内收而呈“X”形，以前肢显著。有时见到犊牛以腕关节爬行。

③治疗。治疗本病临床治疗以补充维生素D为主，辅以补钙和对症治疗。

a. 肌肉注射骨化醇5 mL，1次/d，3～5 d为一个疗程；维生素AD注射液5～10 mL，或维丁胶性钙20～50 mL，肌肉注射，1次/d，连用7～10 d，效果很好。

b. 内服鱼肝油50～100 mL，或静脉注射10%葡萄糖酸钙100～200 mL，1次/d，连用5 d，或在日粮中添加贝壳粉30 g，连喂10～15 d。

c. 对于消化不良者需用健胃药，对跛行者应注射钙剂和水杨酸钠，对卧地不起者要防止褥疮。

④预防。牛舍通风性、透光性良好，饲养密度适宜，适当地在阳光下拴系犊牛。给予良好的干草和青贮饲料，犊牛适时断奶，及时治疗消化道疾病等均可预防本病的发生。

(3)肉牛白肌病

白肌病是由硒和维生素E缺乏所引起的一种疾病，以骨骼肌和心肌发生变性、坏死为特征，犊牛多发。本病发生有地区性。

①主要症状。根据病程分为急性、亚急性、慢性3种类型。

急性患病牛多为体况较好，常突然死亡。

亚急性病例病程一般3～5 d，病牛精神沉郁，背腰发硬，步样强拘，后躯摇晃，后期常卧地不起。臂部肿胀，触之硬固。呼吸加快，脉搏增数，犊牛可达120次/min以上。初期心搏动增强，以后心搏动减弱，并出现心律失常。

慢性病例，病程一般可拖延至15 d甚至更长时间。病牛运动缓慢，步样不稳，喜卧。精神沉郁，食欲减退，有异嗜现象。被毛粗乱，缺乏光泽，黏膜黄白，腹泻多尿。脉搏增数，呼吸加快。

②治疗。治疗本病时应同时应用硒和维生素E制剂治疗。常用0.5%亚硒酸钠溶液8～10 mL，肌肉注射，隔20 d再注射一

次;维生素 E 注射液 50～70 mL,肌肉注射,1 次/d,连用数日。出现呼吸困难时,可肌肉注射氨茶碱;心力衰竭时,应用强心剂;并发肺炎时,应用抗生素;发生腹泻时,酌情使用收敛剂。

③预防。妊娠母牛和犊牛冬季多喂优质干草,增喂苜蓿、麸皮和麦芽。在白肌病流行地区,入冬后每 2 周给妊娠母牛肌肉注射维生素 E 200～250 mg,每 20 d 肌肉注射 0.1%亚硒酸钠液 10～15 mL,共注射 3 次。对犊牛也可采用同样的方法进行预防,剂量减半。

(4)牛酮病

酮病又称酮尿病,是由于日粮中糖和含糖物质不足所致。临床上以呈现顽固性消化紊乱,呼气、泌尿和泌乳可散放酮味以及有一定的神经症状为特征。本病多发生于舍饲期间运动不足、营养良好、3～6 胎及产后 3 周之内泌乳量开始增加至最高峰的母牛。

①发病原因。引起酮病的主要原因有饲喂含蛋白、脂肪丰富的精料过多,而糖和粗饲料、多汁饲料饲喂不足;运动不足,或突然剧烈运动,前胃弛缓。肝脏疾病,维生素缺乏,消化紊乱以及大量泌乳等为本病的诱因。

②症状。

消化不良型:发病初期,患牛食欲不振,拒食精料,对青草、干草有一定的食欲。反刍减少,瘤胃蠕动音减弱或稀少,粪便干硬或腹泻,量少而恶臭。母牛产乳量下降,乳汁易形成泡沫,有特异的酮体气味(烂苹果样气味),腹式呼吸。

神经型:初期病牛兴奋不安,听觉过敏,眼神狞恶或眼球震颤,咬肌痉挛,而不断虚嚼和流涎。皮肤敏感性增高,有时横冲直撞,狂暴不安。兴奋症状维持 1～2 d,即转为抑制状态,头低沉,反射迟钝,精神委顿,步态蹒跚。发病后期病牛常出现昏迷状态。

③治疗。

a. 提高血糖。可静注 25%葡萄糖液 500～1 000 mL,2 次/d,也可腹腔注射;或 50%果糖溶液,每千克体重 0.5 g,1 次/d。同时内服丙二醇 100～120 mL/d，连用 3 d；内服或拌料丙酸钠 250～500 g/d，连用 7～10 d；或内服甘油（丙三醇）240 mL/d。对体质较好的牛，肌肉注射促肾上腺皮质激素（ACTH）200～600 U；或肌肉注射醋酸可的松 1～1.5 g，或氢化可的松 0.5 g，加入糖盐水中静脉注射，1 次/d。

b. 解除酸中毒。静注 5%碳酸氢钠液 300～500 mL，1～2 次/d；或内服碳酸氢钠 50～100 g，1 次/d。

c. 调整瘤胃机能。内服健康牛新鲜胃液 3 000～5 000 mL，2～3 次/d；或内服脱脂乳 2 000 mL、葡萄糖 500～1 000 g（加水），1 次/d，连用 3 d。

d. 对症治疗，兴奋不安时，用 20～30 g 水合氯醛、400 g 砂糖，加水内服。可配合应用维生素 B_1、维生素 B_2、维生素 B_6 等。

e. 氯酸钾 30 g，溶于 250 mL 水中灌服，2 次/d，具有特效的抗酮作用。

f. 产前 3 个月至产后应给予足够的碳水化合物饲料。也可饲喂丙酸钠 240 g/d，分 2 次给予，连用 10 d。以适量干草替代青贮，改善环境，适当运动，多晒太阳。注意及时治疗前胃疾病、子宫疾病等。

g. 中药疗法。当归、川芎、砂仁、赤芍、熟地、神曲、麦芽、益母草、广木香各 60 g，粉碎，用开水冲后灌服，每天或隔天 1 剂，连用 3～5 d。

77. 肉牛常见的蹄病有哪些？

(1) 肉牛蹄叶炎

是指主要发生于蹄真皮的弥散性、无败性炎症，通常呈急性病程，也可转为慢性。

①病因。一般认为急性蹄叶炎通常是由于采食过量的精料引起。肢势不正、躯体过大使蹄部负担过重、过劳、长途运输以及在坚硬地面长期站立等易诱发本病。本病有时还继发于某些传染性疾病。

②主要症状。急性蹄叶炎时，患牛不愿站立和运动，运步不灵活，行走弓背（图 5-9）。因避免蹄部负重，前肢患病时，后肢伸于腹下，前肢向前伸出，后肢患病时，前肢屈于腹下。局部症状表现为蹄冠上方皮痛感，用蹄钳压迫蹄壁时敏感。

图 5-9　蹄叶炎，行走时弓背，呈僵硬姿势

慢性蹄叶炎多由急性转化而来，患牛运步不灵活，不愿行走。长期病牛蹄部形状异常，包括蹄过长、蹄尖翘起（图 5-10），“拖鞋蹄（图 5-11）”等。

图 5-10　蹄叶炎，蹄尖翘起

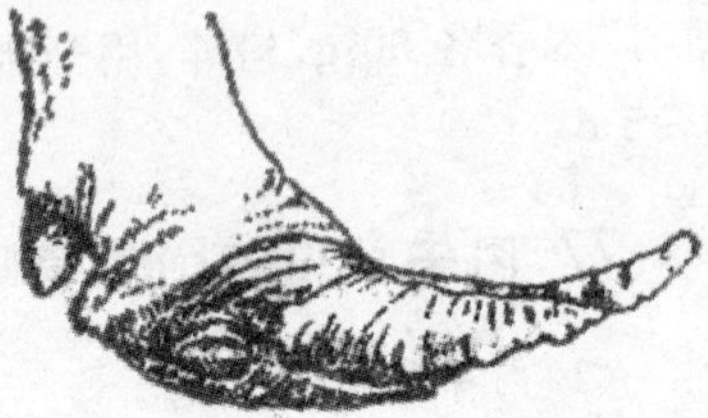

图 5-11　蹄叶炎，拖鞋蹄

（选自王子轼《牛病防治 7 日通》，2003）

急性和慢性蹄叶炎都能导致蹄部血管损伤，有时蹄底溃烂，此时，可并发败血性蹄叶炎，出现可视黏膜充血、体温升高、脉搏频数、呼吸增速等症状。

③治疗。

a. 为使扩张的血管收缩,减少渗出,可采用蹄部冷浴。0.25%普鲁卡因 100～200 mL,静脉注射。

b. 缓解疼痛,可用1%普鲁卡因 20～30 mL 指(趾)间封闭。

c. 放血疗法。成年牛放血 1 000～2 000 mL,放血后静脉注射5%～7%碳酸氢钠 500～1 000 mL、5%～10%葡萄糖注射液500～1 000 mL。也可用10%水杨酸钠注射液 100 mL、20%葡萄糖酸钙注射液 500 mL,静脉注射。

d. 保护蹄角质,合理修蹄,促进蹄机能的恢复。

e. 加强饲养管理,严格控制精饲料的饲喂量。

(2)肉牛趾间腐烂

肉牛的趾间腐烂是指牛蹄趾间表皮或真皮的化脓性或增生性炎症。

①趾间腐烂的临床表现。患牛蹄趾间皮肤充血、发红肿胀、糜烂。有的蹄趾间菜花状腐肉增生(图 5-12),呈暗红色,突于蹄趾间沟内,质度坚硬,极易出血,蹄冠部肿胀,呈红色。病牛跛行,以蹄尖着地。站立时,患肢负重不实,有的以患部频频打地或蹭腹。

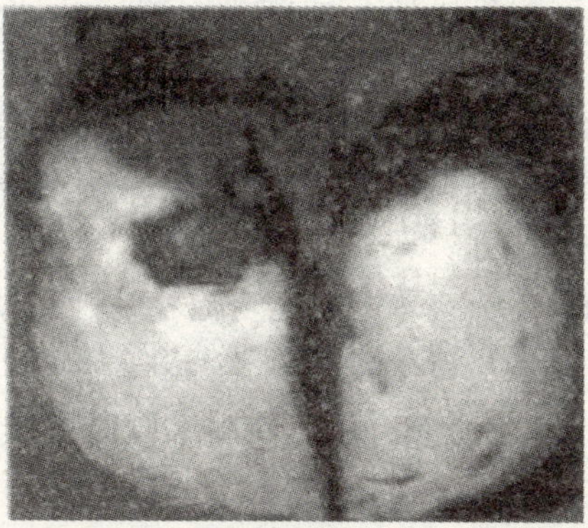

图 5-12　化脓性蹄真皮炎,蹄底创口感染

②趾间腐烂的诊断要点和治疗原则。

诊断要点：严重支跛、蹄尖接地、趾间糜烂、趾间增生物极易破溃。

治疗原则：抗菌消炎、局部清理、镇跛镇痛、控制感染。

③治疗。以10%～30%硫酸铜溶液，或10%来苏水洗净患蹄，涂以10%碘酊，用松馏油或鱼石脂涂布于蹄趾间部，装蹄绷带。如蹄趾间，有增生物，可用外科法除去，或以硫酸铜粉、高锰酸钾粉撒于增生物上，装蹄绷带，隔2～3 d换药1次，常于2～3次治疗后痊愈，也可用烧烙法将增生肉烙去。

(3)肉牛化脓性蹄真皮炎

①病因。日粮中矿物质钙、磷不平衡，牛舍阴暗潮湿，运动场泥泞，粪便不及时清理，牛蹄长时间被粪、尿、泥水浸渍，修蹄不定期，造成蹄底角质过度磨灭、蹄底角质过薄或过软、蹄变形、蹄软化。各种异物造成蹄的刺伤、挫伤或偶发伤，真皮发炎，并继发细菌感染等均可引起化脓性蹄真皮炎。

②临床症状。其特征是患蹄真皮坏死与化脓。

患蹄蹄冠部出现肿胀，重者肿胀可延伸到球节，关节僵直，蹄部发热，重度跛行。蹄底创口感染(图5-12)。体温升高，食欲减退，母牛产乳量下降，常卧地不起，消瘦。

③治疗。

a.如化脓，必须在蹄底湿痕处扩开蹄底角质，排除渗出物或脓汁，清洗，灌注碘仿醚等药剂，先用消毒纱布和脱脂棉包扎，再用雨布或广告布在外层包扎，以防污染。

b.当病牛有体温升高等严重全身症状时，可应用磺胺类药物和抗生素治疗。磺胺二甲基嘧啶，0.12 g/kg体重，1次静脉注射；磺胺嘧啶按50～70 mg/kg体重，静脉或肌内注射，2次/d，连用3 d。

c.注射破伤风血清，金霉素或四环素，0.01 g/kg体重，1次静脉注射。两趾间钻洞用金属丝固定在一起，在健趾下粘一木块，以减少患趾负重。

d. 同时也可用中草药外敷和内服。

外敷可用活血化瘀散：当归、栀子、红花、黄柏、白芷各 15 g，桃仁、肉桂各 6 g。共为细末，用 3% 樟脑酒精适量，调成糊状，敷患处，每日 1 次，涂前局部剪毛。

内服可用解毒消黄散：银花、蒲公英、地丁、连翘、花粉各 30 g，当归 24 g，山甲珠、防风、荆芥、赤芍、红花各 15 g，甘草 12 g，共为细末，水煎候温灌服。

e. 解除酸中毒。可用 5% 葡萄糖生理盐水 1 000～1 500 mL、5% 碳酸氢钠 500～800 mL、25% 葡萄糖液 500 mL、维生素 C 5 g，静脉注射，1～2 次/d。

(4) 肉牛腐蹄病

①发病原因。腐蹄病是舍饲肉牛较多见的一种肢蹄病。原因是饲养管理不当，饲料中钙、磷不平衡或牛舍潮湿不洁，或运动场低洼、泥泞，或运动场上碎石多，造成蹄部受伤，被细菌感染而发病。

②诊断。本病常呈慢性经过，四蹄皆可发病，后蹄多见；以 7～9 月份最多见。常常是当局部感染化脓并向深部组织蔓延而出现跛行后才被发现。病牛站立屈曲，频频倒步，患蹄打地、踢腹。前蹄患病时，见患肢向前伸出。患蹄站立时间缩短，运步时呈明显的后方短步。

患蹄检查可见蹄变形，蹄底磨灭不整，在球部或蹄底出现黑色小洞，有时许多小洞可融合为一个大洞或沟，管道内充满黑色浓稠脓汁，呈污灰色或污黑色，有腐臭、难闻气味。腐烂后，炎症蔓延到蹄冠、球节时，关节肿胀，皮肤增厚，失去弹性，疼痛明显，步行呈“三脚跳”；当化脓后关节处破溃，流出乳酪样脓汁，病牛全身症状加重，体温升高，食欲减退，卧地，消瘦。

③治疗。修整患蹄，找出角质部糜烂的黑斑，由糜烂的角质部逐渐向内轻刮，直到见有黑色腐臭的脓汁流出。

a. 用10％硫酸铜溶液浸蹄。

b. 趾间用消毒液洗后，擦干净，涂上碘酒或撒布磺胺粉、青霉素粉、碘仿硼酸粉(各等份)等，然后用绷带包扎。

c. 患部及瘘管用金霉素鱼肝油合剂或用硫酸铜粉末敷治，再加松馏油鱼石脂棉球，外部用绷带包扎，并涂松馏油。

出现全身症状者应采取适当的全身疗法，如抗菌、解热、缓解自体中毒等。

④预防。

a. 合理配合饲料。饲料中除含一定能量、蛋白质外，还要有一定的无机盐，而且钙、磷要平衡。

b. 搞好清洁卫生。保持肉牛舍及运动场清洁、干燥，清除运动场上的碎石、尖锐物体等。

c. 加强运动。促进血液循环，增强蹄质，提高抵抗力。定期修整肉牛蹄。

(5)肉牛蹄变形

①主要症状。常见的肉牛蹄变形病有以下几种类型：

长蹄：蹄的两侧支超过了正常蹄支的长度，蹄角质向前过度伸延，使其外观呈长形。

宽蹄：蹄的两侧支长度和宽度都超过了正常蹄支范围，外观大而宽。此类蹄角质部较薄，蹄踵部较低，在驻立和运步中，蹄的前缘负重不实，向上稍翻，不易反回。

翻卷蹄：翻卷蹄支窄小，蹄尖部细长而向上翻卷，呈翻卷状，靠近蹄间沟处的角质增厚，蹄底负重不均。因蹄变形的影响，可见附关节以下向外侧倾斜，呈"X"状。严重者，两后肢向后方伸展，病牛拱背，运步呈拖拽式。多见于后蹄的外侧支。

②防治。最为实用的治疗方法是根据蹄变形的具体情况进行修正，即修蹄疗法。

78.兽医常规临床检查和给药方法有哪些?

(1)兽医常规临床检查方法

①测体温。通过触摸牛的背部或耳根、角根,凭经验初步判断牛体温的是否正常。健康牛的体温一般为37.5～39.5℃,清晨时最低,午后则最高,往往相差1℃左右。更准确的方法是用兽用体温表插入肛门,测直肠内温度。

其方法是:先把体温计上的水银柱甩到最低刻度下,经消毒后,再在体温计上涂上润滑剂,慢慢将体温计插入肛门直达直肠内,接着用体温计夹子把体温计线绳固定在尾根部的毛上,3～5 min后取出,读数。检测完毕后,要把体温计擦洗干净,甩下水银柱,下次备用。

②测定呼吸次数。健康牛每分钟的呼吸次数为:犊牛20～50次,成年牛15～30次。检查牛的呼吸次数有助于进行疾病的诊断,其方法主要有:

a.站在病牛胸部的前侧方或者是腹部的后侧方,用眼睛观察牛在安静的情况下,胸腹部的起伏运动。胸腹壁的一起一伏,即是一次呼吸。

b.把手的背部放在病牛鼻孔前方,感觉呼出的气流,也能计算出呼吸次数。

c.在冬季,根据观察到病牛鼻孔呼出的气流,可计算病牛的呼吸次数。

③测定心跳。一般用听诊器听取牛的心跳。听诊前应该让牛安静或喘息平定,否则不准确。听诊的最佳部位在左胸壁肘头后方,以分钟计数。健康牛的心跳一般是50～80次/min。

(2)牛的保定

在临床检查和治疗时,为保证兽医和饲养人员安全,检查前必须对牛进行保定。具体方法有:

①站立保定。站立保定不但适用于一般检查方法和治疗措施

(如进行体温、呼吸、心跳的测定,直肠及各个系统的检查,静脉、肌肉注射等),而且同样适用于某些手术(如豁鼻修补术、子宫脱出整复术等)。具体的保定方法是:一手抓住牛鼻绳或鼻中隔,另一手抓住牛角即可。另外,由于条件限制,在一般检查时也可将牛置于两树之间。

②侧卧保定。侧卧保定适合于胸、腹腔手术及性情凶暴的牛去势手术等,具体保定姿势应视其手术部位而定。保定前牛禁食12 h左右,以免引起瘤胃臌气等疾病发生。同时应在较宽敞平坦的场地上铺上垫草后保定,否则可能导致擦伤甚至骨折等。

牛的侧卧保定至少应由3人操作。根据牛体大小,通常取长度为5～7 m的绳子,对折成一长一短两段,短绳端一般为1.5 m左右。在绳的折转处做一猪蹄套,套住欲卧侧的蹄部。将两绳端越过牛的胸部绕到另一侧,短绳端交卧地侧由助手固定,将长绳端连续两次绕过牛的胸腹部,并使之滑到跗关节上方,同时收紧绳子,交助手固定。

欲使牛卧倒之前,3人分别固定跗关节、前肢及鼻绳端绳子。倒牛时,鼻绳端助手将牛前拉,待牛前肢提举时,该助手用力上拉绳子,与此同时,助手后拉跗关节绳端。如此三者合力,牛即刻卧地,然后可根据手术需要,做各种姿势的保定。

(3)常用牛的给药方法

分自愿和强迫投药两种。自愿投药,牛有食欲,把药拌入饲料或水中,让牛自己采食饮水把药服下。自愿投药仅限于无特殊气味的药品,如人工盐、磺胺类药、部分维生素等。强迫投药,是应用最广泛的方法。

①水剂投药法。水剂投药法有经鼻和经口投药两种方式,投药时切忌药液误入气管。

a.经鼻投药法:投药时,将胃管插入食管中1/3处,接上漏斗,把药液倒入漏斗,漏斗要高于牛体30～50 cm。灌完药液后,再灌入少量温水,冲洗漏斗和药液。抽出胃管前把胃管折叠后再抽出。

给牛插胃管,必须判断胃管是否插入胃内,方法有:一是插入食管手感较重,如果插入是气管,好比管子端滑过搓板的感觉;二是插入气管比插入食管牛的反应更大,主要表现牛咳嗽、伸舌、流泪,痛苦不安;三是插入气管时胃管的气流和牛鼻的气流同步,插入胃内可听见瘤胃噼里啪啦蠕动摩擦音并可闻到瘤胃嗳气味。

b. 经口投药法:经口投药法是投入少量药液常用的方法,使用的工具有开口器和灌药瓶。投药时不要把牛的嘴抬得过高。

②丸(片)剂投药。丸剂投药法是将药物加适量赋形剂,做成大小适中的药丸,每丸 10～20 g。把牛保定好,打开口腔,把药丸投入舌根部。

③舔剂投药。舔剂投药法是将不具备显著局部作用的药物,加适量的赋形药制成面团,涂在牛的舌根部,使其逐渐舔食并咽下。

④注射。

a. 注射的方法。

皮下注射:皮下注射是将药物注射到皮下组织内,经毛细血管、淋巴管吸收,5～10 min 起效。凡是可溶解无刺激的药品、疫苗、菌苗等均可皮下注射。注射部位:牛颈侧或胸侧。方法:局部剪毛消毒,提起皮肤,45°角刺入皮下进行注射,拔出针头,碘酊消毒注射部位。

皮内注射:多用于牛的结核菌素的变态反应试验和部分疫苗的预防接种。部位:牛颈中上部 1/3 处。方法:剪毛消毒后,手提起皮肤注射器呈 30°角刺入皮肤,缓慢地注射药液(一般不超过 0.5 mL)。推药时阻力很大。注射完毕,用酒精棉球轻压针孔,防止药液外流。

肌肉注射:肌肉内血管丰富,注射后药液吸收较快,其吸收速度仅次于静脉注射。部位:凡是肌肉丰富的部位均可注射,牛主要在颈部和臀部。方法:剪毛消毒后,将针头刺入肌肉内,再连接好注射器,注入药液,注射完毕用酒精棉球消毒术部。

静脉注射：将药液直接注入静脉内，奏效快，作用时间短。部位：牛的颈静脉沟上 1/3 到中 1/3 处均可进行静脉注射。方法：剪毛消毒后指压静脉管，待血管隆起，选择与血管相适应的针头刺入血管，见到回血后，将针头顺入血管，进行注射。注射结束，用酒精棉球压住针孔处，拔出针头，压迫稍许，用碘酊消毒。

腹腔注射法：当动物体力衰竭，静脉注射出现困难时，可采用这种注射方法。部位：牛右肷窝中央。方法：部位剪毛消毒，垂直皮肤刺入 3～5 cm，注入药物。

b. 注意事项。注射器吻合无隙、清洁、畅通、消毒。检查注射药品名称、剂量、用途、形状及是否过期。静脉注射的药物（如钙剂、高渗液、水合氯醛等）不能漏于血管外。注入大量药液时，应加热药液至温度与牛体温大致相同，注射前排尽注射器和胶管的空气。

参 考 文 献

[1] 杨和平.牛羊生产[M].北京:中国农业出版社,2001.
[2] 王璐菊.养牛生产技术[M].北京:中国农业大学出版社,2014.
[3] 丁洪涛.畜禽生产[M].北京:中国农业出版社,2001.
[4] 丁洪涛.牛生产[M].北京:中国农业出版社,2008.
[5] 宋连喜.牛生产[M].北京:中国农业大学出版社,2007.
[6] 闫明伟.牛生产[M].北京:中国农业出版社,2008.
[7] 王锋.王元兴.牛羊繁殖学[M].北京:中国农业出版社,2003.
[8] 侯放亮.牛繁殖与改良新技术[M].北京:中国农业出版社,2005.
[9] 黄修琦.牛羊生产[M].北京:化学工业出版社,2008.
[10] 陈幼春.现代肉牛生产[M].北京:中国农业出版社,1999.
[11] 覃国森,丁洪涛.养牛与牛病防治[M].北京:中国农业出版社,2006.
[12] 莫 放.养牛生产学[M].北京:中国农业出版社,2003.
[13] 王根林.养牛学[M].北京:中国农业出版社,2000.
[14] 中华人民共和国农业部.肉牛饲养标准,2004.
[15] 刘东军.规模化养牛场消毒技术指南[J].现代畜牧兽医,2009(3):22-24.
[16] 马学恩,肉牛饲养致富指南[M].呼和浩特:内蒙古科学技术出版社,2008.
[17] 林 伟.肉牛高效健康养殖关键技术[M].北京:化学工业出版社,2010.
[18] 张兆敏.白献晓.畜产品无公害生产技术[M].郑州:中原农

民出版社,2009.

[19] 昝林森.肉牛饲养新技术[M].杨凌:西北农林科技大学出版社,2005.

[20] 曹玉凤.李 英.肉牛标准化养殖技术问答[M].北京:中国农业大学出版社,2004.

[21] 安永福.王建设.肉牛家庭养殖技术[M].北京:中国农业大学出版社,2004.

[22] 魏建英.方占山.肉牛高效饲养管理技术[M].北京:中国农业出版社,2005.